ゼロから学んで**スラスラ書ける！**

絵で見てなっとく！

上手な機械製図の書き方

著者●大髙敏男

はじめに

　モノを作るには図面が必要です。とくに、機械設計を行うためには、設計者の意図を作業者に正確に伝達し、効率よく進める必要があり、それを担う図面は重要な役割を持っています。

　現代のモノづくりの現場では、そのルールについて慣例があったり新旧が混在して用いられていたりして、しばしば混乱することがあります。また、図面を作成するためにコンピュータが一般的に利用されており、図面データのデジタル化が進んでいます。これに伴い、モノづくりの方法が変貌し、設計作業の効率化が進められています。したがって、図面に関わる技術者や作業者は、幅広い図面の知識を有し、かつ実践的に運用できる必要があります。

　本書は、図面の読み方と書き方に関する実践的な知識をやさしく解説した本としてまとめています。図面は、一貫してそれを見る人の立場に立った姿勢で気配りがなされなくてはならず、困難な加工や組立てがないよう、最大限の配慮が求められます。

　本書では、このような視点で、図面に関する留意すべきポイントを集めました。本書における2次元図面の表示は、基本的にJISに則っていますが、実際の現場で用いられているものは、一部JIS改訂前の旧表記をそのまま表示しているものがあります。本書をより多くの方に役立てていただければ幸いです。

　本書の編集、出版においてご支援をいただきました技術評論社殿に心から感謝いたします。

　　　　　　　　　　　　　　　　　　　　　　　　　　大髙　敏男

上手な機械製図の書き方
目次

はじめに……………3

第1章 図面の基本……………9

1 図面とは……………10
2 図面の大きさと様式……………12
3 尺度……………16
4 線の種類と文字……………18
5 投影法……………22
6 寸法……………26
7 よい図面とは……………32
8 図面の表題欄と部品欄……………34
9 正面図と投影図……………37

第2章 図面を構成する要素とその表し方……………39

1 ねじとその表し方……………40
2 ねじの種類と特徴……………46
3 軸・軸受とその表し方……………48
4 歯車とその表し方……………52
5 ばねとその表し方……………56
6 組立図と部品図……………62
7 ボルトとナット……………64

CONTENTS

 8 軸と歯車を固定する…………65
 9 ねじのゆるみを防ぐ…………68
 10 寸法の標準化ー標準数とは…………70

第3章 製図記号の使い方…………71

 1 製図記号とは…………72
 2 寸法補助記号の表し方…………74
 3 機械材料の種類と記号…………78
 4 材料記号の表し方…………84
 5 参考寸法を記入する…………88
 6 旧JIS規格やJIS以外の表記…………89
 7 いろいろな断面の表し方…………91
 8 対象な図形を描く…………94
 9 テーパ・こう配部分に使用する記号…………96
 10 図面に修正が発生した時の対処…………99

第4章 加工方法の表し方…………101

 1 機械加工とは…………102
 2 鋳造…………104
 3 溶接とその表し方…………106
 4 仕上げと表面処理…………112
 5 プレス加工…………115
 6 放電加工・ワイヤカット加工…………118
 7 加工しやすい設計…………120

8 作業者に配慮した図面‥‥‥‥‥122
　9 「バリ、カエリなきこと」‥‥‥‥‥126
　10 加工できない図面、加工しにくい図面‥‥‥‥‥128

第5章 表面の表し方‥‥‥‥‥131

　1 表面の状態を表す用語とパラメータ‥‥‥‥‥132
　2 表面性状の表し方と指示‥‥‥‥‥134
　3 硬さの表し方‥‥‥‥‥137
　4 滑り軸受の面肌を表す‥‥‥‥‥138
　5 表面性状の指示をまとめて表す‥‥‥‥‥141
　6 旧JISによる表面粗さの表し方‥‥‥‥‥142
　7 表面性状を表すルール‥‥‥‥‥143
　8 加工法と表面粗さ‥‥‥‥‥144

第6章 寸法公差の表し方‥‥‥‥‥145

　1 寸法公差とその表し方‥‥‥‥‥146
　2 寸法の普通公差とその表し方‥‥‥‥‥149
　3 はめあいとその表し方‥‥‥‥‥150
　4 穴基準はめあい軸基準はめあい‥‥‥‥‥154
　5 よく用いられるはめあいの組合せ‥‥‥‥‥156
　6 高精度な加工‥‥‥‥‥157
　7 小数点以下の「0」の寸法値‥‥‥‥‥158

CONTENTS

 **第7章 幾何公差の表し方**・・・・・・・・・・・・159

1 幾何公差とは・・・・・・・・・・・・・160
2 幾何公差の表し方・・・・・・・・・・・・・162
3 データムの示し方・・・・・・・・・・・・・165
4 幾何公差の実例―軸の図面・・・・・・・・・・・・・168
5 幾何公差の実例―フランジの図面・・・・・・・・・・・・・170
6 検査指示のある幾何公差・・・・・・・・・・・・・172

用語索引・・・・・・・・・・・・・175
引用文献・・・・・・・・・・・・・178

CONTENTS

 **コラム|目次**

- 最大にして最古の製図　ナスカの地上絵……………14
- 無限の空間にモデリング　3次元CADの世界……………17
- CADによる製図……………21
- QCDのバランス……………38
- 削って作るコイルばね……………59
- 「5ゲン主義」で描く図面……………61
- ナットが高くなるとねじはゆるまない?……………67
- ダブルナットの秘密……………69
- CADのメリット（1）機械的作業の効率化……………77
- 材料選定の悩ましさ……………87
- CADのメリット（2）高い図面品質……………93
- CADのメリット（3）設計変更や修正の効率化……………95
- CADのメリット（4）製品製作工程の短縮……………98
- マシニングセンタとは……………103
- 図面はいつから?……………105
- 3次元造形　RPとは……………110
- 組み立てに役立つマーク　合いマーク……………125
- ひとつの部品に図面は1枚?……………127
- いろいろな表面性状指示の方法……………140
- できあがった製作物の寸法がひとりでに変わる!?……………148
- CADのメリット（5）電子データ化と通信の効率向上……174

第1章

図面の基本

　モノを製作するためには図面が必要です。高品質なモノを、低コストで短納期に製作するためには、図面の出来映えが重要なポイントとなります。ところが、図面の間違いにより、違うものが製作されてしまったり、製作できなかったりすることがあります。本章では、図面の基本について確認していきます。なお、本書では、機械製図の基本ルールとして日本工業規格（JIS規格）を中心に解説します。

1-1 図面とは

●図面の種類と役割

図面は、モノを作るときや作り方を記録するときに使われます。図面の種類は表 1-1-1 に示すように目的に応じて分類されます。製図とは、これらの図面を作成することをいいます。

製図には扱う対象物や目的によっていろいろな種類がありますが、一般に機械に関する製図を**機械製図**といいます。機械製図は、概ね「設計者」によって作図され、「製作者」が機械の製作に用い、場合によっては「使用者」によってその機械を使用する際にも活用されます。

したがって、設計者の考えが「正確」、「明瞭」に表現されている必要があります。さらに、最近のモノ作りの現場では、CAD で描かれた図面を企画部門や営業部門といった、いわゆるモノ作りの上流から下流までの広い部門で活用する機会が多くなっています。

製図には「正確」、「明瞭」に加えて、その図面を利用する部門や作業者に対する「細心の気配り」がなされ、かつ「迅速な出図」も要求されます。これらを実践するためには、製図に関する約束事が必要となります。我国では日本工業規格（JIS：Japanese Industrial Standards）の中に製図に関する規則を定めています。

また、世界各国でも規格を定めており、これらは国際的な技術交流の促進のために、国際的な工業規格（ISO：International Organization for Standardization）に準拠する傾向で定められています。図面は言葉の壁を超えて設計の意図を伝達する重要な情報ツールなのです。

表 1-1-1　主な図面の種類

分類	図面の種類			定義
用途による分類	計画図			設計の意図、計画を表した図面。
	試作図			製品または部品の試作を目的とした図面。
	製作図			一般に設計データの基礎として確立され、製造に必要なすべての情報を示す図面。
		工程図		製作工程の途中の状態または一連の工程全体を表す製作図。
		据付け図		ひとつのアイテムの外観形状と、それに組み合わされる構造または関連するアイテムに関係づけて据え付けるために必要な情報を示した図面。
		施工図		現場施工を対象として描いた製作図（建築部門）。
		詳細図		構造物、構成材の一部分について、その形、構造または組立・結合の詳細を示す図面。
		検査図		検査に必要な事項を記入した工程図。
	注文図			注文書に添えて、品物の大きさ、形、公差、技術情報など注文内容を示す図面。
	見積図			見積書に添えて、依頼者に見積もり内容を示す図面。
	承認用図			注文書などの内容承認を求めるための図面。
		承認図		注文者などが内容を承認した図面。
	説明図			構造・機能・性能などを説明するための図面。
	記録図			敷地、構造、構成組立品、部材の形・材料・状態などが完成に至るまでの詳細を記録するための図面。
表現による分類	一般図			構造物の平面図・立体図・断面図などによって、その形式・一般構造を表す図面（土木部門、建築部門）。
	外観図			梱包、輸送、据付け条件を決定する際に必要となる対象物の外観形状、全体寸法、質量を示す図面。
	展開図			対象物を構成する面を平面に展開した図。
	曲面線図			船体、自動車の車体などの複雑な曲面を線群で表した図面。
	線図、ダイヤフラム			図記号を用いて、システムの構成部分の機能およびそれらの関係を示す図面。
		系統（線）図 [配管図、計装図、配線図など]		給水・排水・電力などの系統を示す線図。
	立体図			軸測投影、斜投影法または透視投影法によって描いた図の総称。
	スケッチ図			フリーハンドで描かれ、必ずしも尺度に従わなくても良い図面。
内容による分類	部品図			部品を定義する上で必要なすべての情報を含んだ、これ以上分解できない単一部品を示す図面。
	組立図			部品の相対的な位置関係、組み立てられた部品の形状などを示す図面。
		総組立図		完成品のすべての部分組立品と部品とを示した組立図。
		部分組立図		限定された複数の部品または部品の集合体だけを表した部分的な構造を示す組立図。
	鋳造模型図			木、金属またはその他の材料で作られる鋳造用の模型を描いた図面。
	軸組図			鉄骨部材などの取付け位置、部材の形、寸法などを示した構造図。
	配置図			地域内の建物の位置、機械などの据付け位置の詳細な情報を示した図面。

1．図面の基本

図面の大きさと様式

●図面の大きさ

　図面の大きさは、対象物である機械の大きさや1枚の図面に納める部品の数などによって決まります。機械製図では表1-2-1に示すA列サイズを用いています。やむを得ない場合のみ延長サイズを用いるようにします。また、通常は長辺を左右方向に置いて横長にして用いますが、A4に限り短辺を左右方向に置いて用いてもよいことになっています。

　図面には太さ0.5mm以上の輪郭線を設け、必要に応じてとじしろを左側に設けます。

表 1-2-1　図面の大きさ[1)]

| A列サイズ | | サイズ | | c（最小） | とじる場合の |
呼び方	寸法 a×b	呼び方	寸法 a×b	（とじない場合 d=c）	d（最小）
—	—	A0×2	1189×1682	20	25
A0	841×1189	A1×3	841×1783		
A1	594×841	A2×3	594×1261		
		A2×4	594×1682		
A2	420×594	A3×3	420×891	10	
		A3×4	420×1189		
A3	297×420	A4×3	297×630		
		A4×4	297×841		
		A4×5	297×1051		
A4	210×297	—	—		

図：輪郭線・とじしろ・表題欄・用紙の縁・輪郭（b（A列のときはb=$\sqrt{2}\,a$））、A4で短辺を左右方向に置いた場合

●図面の様式

　図面は表 1-1-1 に示したように多くの種類があります。ここでは、機械製図で最も重要な、部品の製作に必要なすべての情報を表示している**部品図**と、複数個ある部品の組立状態を表す**組立図**について述べることにします。

　部品図は、部品を製作するために必要な形状、寸法、寸法公差、幾何公差、面の肌、加工方法、材質、個数などが詳細に示されています。

　組立図は、機械などの部品の組立状態を示しており、各部品の勘合状態や位置関係、組立時の寸法などが示されています。機械全体の組立状態を示す図を**総組立図**といい、また必要に応じて一部分の組立状態を示した図面を**部分組立図**といいます。

　製作作業者は、図面から製作に必要な材料手配を行い、その後、加工などの段取りや手順を計画し、製作に入ります。このときには、部品図と組立図を必要に応じて対比させながら設計情報を読みとり、製作ミスが最少になるように進めるのです。

　したがって、総組立図や部品図は適切に描かれていなくてはなりません。例えば、組立図には部品ごとに照合番号（品番）を付けてこの番号や図番をたどることで、その部品の部品図を見つけられるようにします。また、図面には表題欄や部品欄を設け、図面の履歴や加工法など製作に必要な詳細な情報を明確に示しておくなどの配慮が必要です。さらに、必要に応じて部分組立図を描くことで、作業者が製作を誤らないようにわかりやすくする配慮も必要です。

　図 1-2-1 に図面様式の一例を示します。図面は、長辺を左右方向に置き、その右下角に表題欄を設けています。

　図 1-2-2 に A4 用紙の部品図の図面様式の一例を示します。A4 に限り短辺を左右方向に置いて用いることができます。

図 1-2-1　図面様式の例

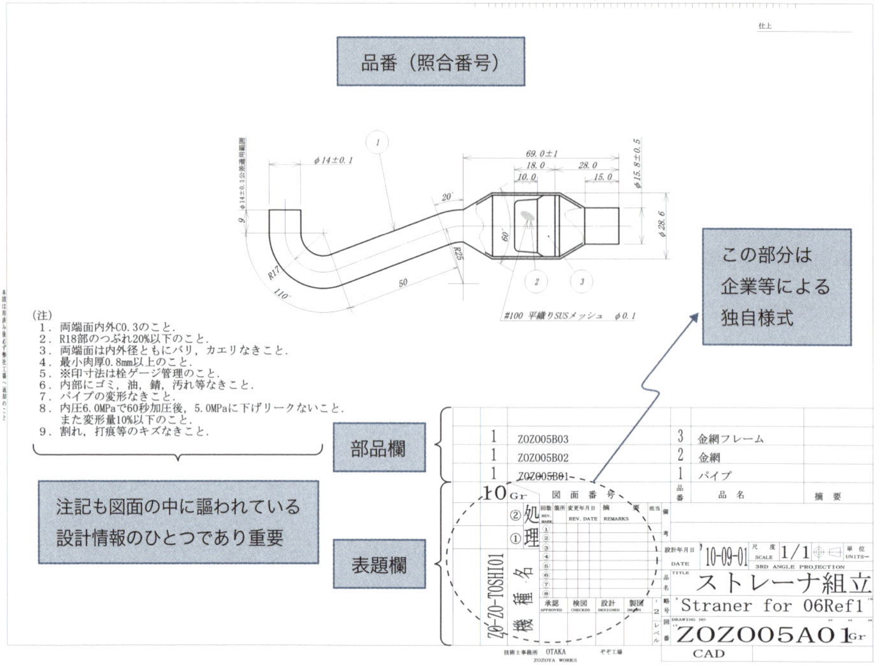

品番（照合番号）
この部分は
企業等による
独自様式
(注)
1．両端面内外C0.3のこと．
2．R18部のつぶれ20%以下のこと．
3．両端面は内外径ともにバリ，カエリなきこと．
4．最小肉厚0.8mm以上のこと．
5．※印寸法は栓ゲージ管理のこと．
6．内部にゴミ，油，錆，汚れ等なきこと．
7．パイプの変形なきこと．
8．内圧6.0MPaで60秒加圧後，5.0MPaに下げリークないこと．
また変形量10%以下のこと．
9．割れ，打痕等のキズなきこと．
部品欄
注記も図面の中に謳われている
設計情報のひとつであり重要
表題欄
#100 平織りSUSメッシュ　φ0.1
1　ZOZ005B03　3　金網フレーム
1　ZOZ005B02　2　金網
1　ZOZ005B01　1　パイプ
品番　品名　摘要
'10-09-01
1/1
ストレーナ組立
Straner for 06Ref1
ZOZ005A01
CAD

最大にして最古の製図　ナスカの地上絵

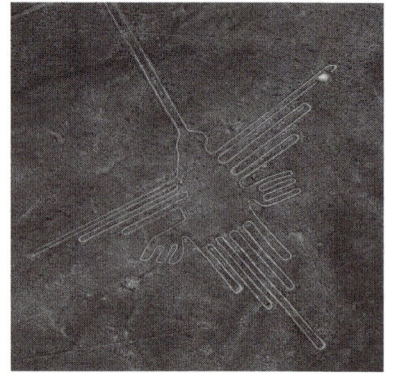

ペルーのナスカ高原には、鋤でひいたような溝がいくつも引かれていて、空から見るとさまざまな直線に混じり、いろいろな動物の絵が描かれています。驚いたことに、滑走路のような線や羽を広げた巨大な鳥、渦巻き模様などが正確に描かれています。ナスカの文明は紀元前200年頃から西暦700年頃まで栄えた文明とされ、約90年前にたまたま上空を通りかかった飛行機のパイロットによって発見されたものです。最大にして最古の製図なのかもしれません。

図1-2-2 部品図の図面様式の例（A4縦の場合）

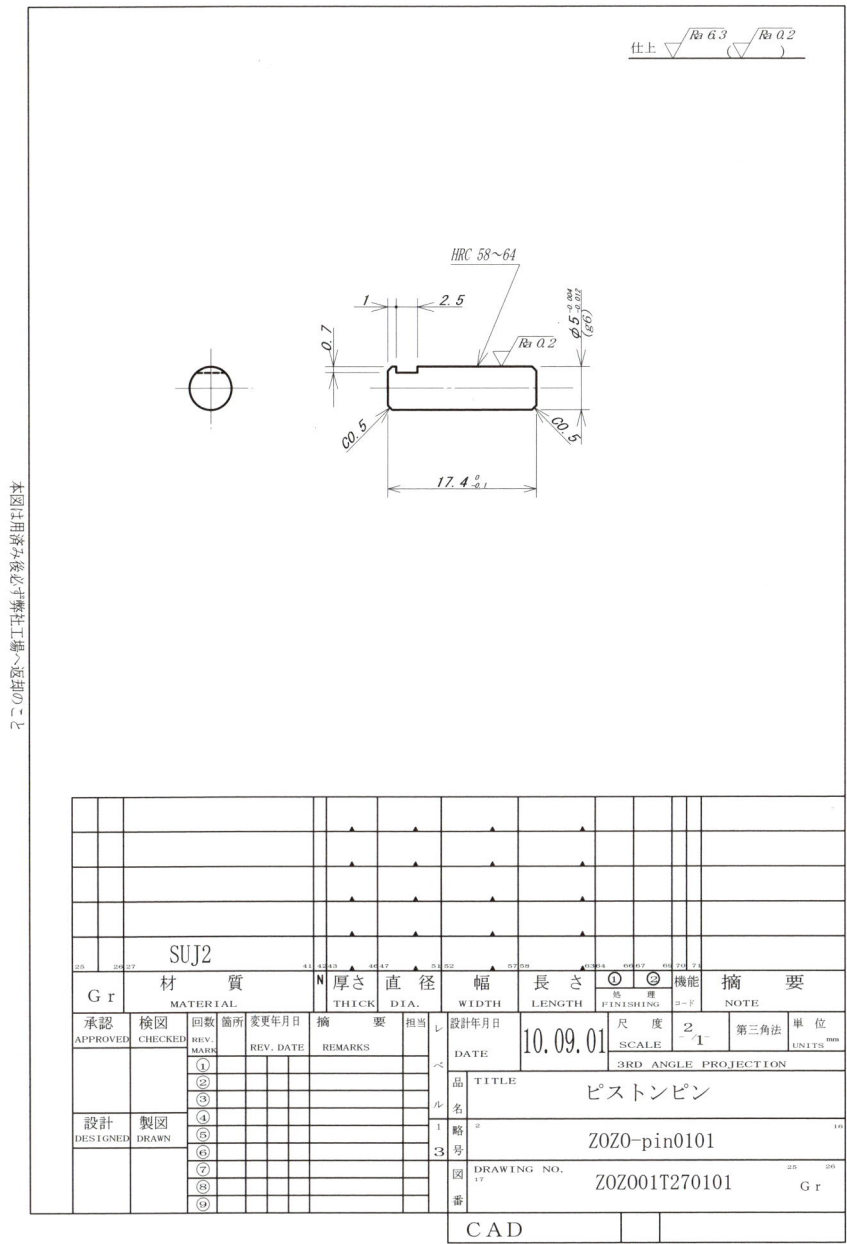

1-3 尺度

●図面は原寸で描く

　図面は原則として**原寸**（実際の対象物の寸法）で描きます。図面に描かれている図形が原寸であれば、製作する作業者が製作中の実物を図面と照合させながら作業を進めることができるので、誤った製作物を作ってしまうといったことが起きにくくなります。また、仮に誤りがあったとしても、作業者は図面から直感的に早い段階で誤りに気づきやすいので、問題を最少限にとどめることが可能になります。

　また、製作の工程検討などにも原寸のほうが便利です。しかし、用紙の大きさには限りがあるので、製作物の大きさが大きくなると、原寸で描くことは不可能となります。このようなときには、図面に描く図形の大きさを実物の大きさに対してしかるべき比率で縮めて描く**縮尺**が使われます。

●比率を使う

　実際の対象物が小さかったり、複雑な形状をしていたりする場合には、実際の対象物の大きさよりも図面に描く図形の大きさをしかるべき比率で大きくして描く**倍尺**が使われることもあります。

　尺度とは、図面の中に描かれている図形の大きさと、実際の大きさとの割合を示しています。図形の長さAと対象物の実際の長さBとの比A：Bで表記しています。

　尺度は、表1-3-1に示すように日本工業規格で定められています。尺度は、表題欄の所定のところに表記します。同一図面中に異なる尺度で描かれた図形が存在するときには、その図形の近くにも適用した尺度を表記するようにします。また、縮尺、倍尺で描いた図面に記される各部の寸法は、実際の対象物の寸法を記入します。

表 1-3-1　尺度[1]

尺度の種類	欄	値
縮尺	1	1:2　　　　　　　　　　　1:5　1:10　1:20　1:50　1:100　1:200
	2	1:$\sqrt{2}$　1:2.5　1:2$\sqrt{2}$　1:3　1:4　1:5$\sqrt{2}$　　1:25　　　　　　　　1:250
現寸（現尺）		1:1
倍尺	1	2:1　　5:1　　　10:1　20:1　50:1
	2	$\sqrt{2}$:1　　2.5$\sqrt{2}$:1　　　　　　　　　　100:1

※1欄を優先して使用する。

無限の空間にモデリング　3次元 CAD の世界

3次元 CAD とは、コンピュータが作り出す仮想の3次元座標空間に、立体形状を定義するもので、最近では、機械設計・製図において、広く用いられるようになってきました。その特長には、次が挙げられます。

①フィーチャ(設計意図)をモデルデータに織り込むことができ、設計変更が生じたときにも効率よく作業を行うことができる。

②視点位置を自由に変えることができるため、任意の角度・視点から設計中の物体形状を確認することができる。

③設計者は、頭の中に思い描いた製品の立体的な形状イメージを、素早くデータ化することができる。

④部品と部品の勘合状態や干渉を立体的に確認することができる。

⑤2次元の図面データを出力したり、2次元図面を印刷したりすることも可能である。

⑥実際にできあがる物の形、体積、慣性モーメント、重心といった諸量を計算することができる。また、3次元の形状データは，加工、試験、構造解析や機構解析などの解析など、いろいろな部門で活用することができる。

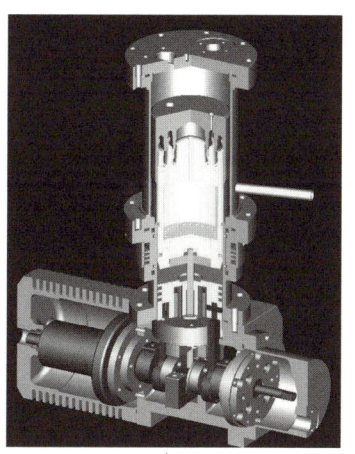

1-4 線の種類と文字

●線の種類

機械製図で用いられる**線**は、表 1-4-1、図 1-4-1 に示すように太さと線種によって使い分けています。また、同一図面で 2 種類以上の線が同じ場所に重なる場合は、次の優先順位によって描きます。

①外形線
②かくれ線
③切断線
④中心線
⑤重心線
⑥寸法補助線

図 1-4-1　線の種類

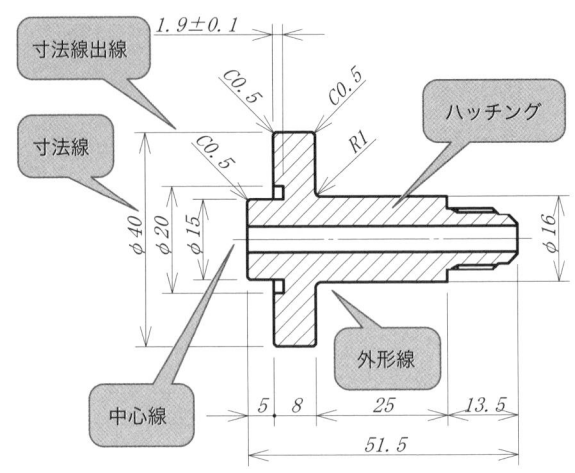

表 1-4-1　線の種類と用途[1]

用途による名称	線の種類		線の用途
外形線	太い実線	———————	対象物の見える部分の形状を表すのに用いる。
寸法線	細い実線	———————	寸法を記入するのに用いる。
寸法補助線			寸法を記入するために図形から引き出すのに用いる。
引出線			記述・記号などを示すために引き出すのに用いる。
回転断面線			図形内にその部分の切り口を 90°回転して表すのに用いる。
中心線			図形の中心線を簡略に表すのに用いる。
水準面線			水面・油面などの位置を表すのに用いる。
かくれ線	細い破線または太い破線	- - - - - - -	対象物の見えない部分の形状を表すのに用いる。
中心線	細い一点鎖線	—・—・—・—	（1）図形の中心を表すのに用いる。
			（2）図形が移動した中心軌跡を表すのに用いる。
基準線			特に位置決定のよりどころであることを明示するのに用いる。
ピッチ線			繰り返し図形のピッチをとる基準を表すのに用いる。
特殊指定線	太い一点鎖線	▬▬・▬▬・▬▬	特殊な加工を施す部分などの特別な要求事項を適用すべき範囲を表すのに用いられる。
想像線	細い二点鎖線	—・・—・・—・・—	（1）隣接部分を参考に表すのに用いる。
			（2）工具・治具などの位置を参考に示すのに用いる。
			（3）可動部分を、移動中の特定の位置または移動の限界の位置を表すのに用いる。
			（4）加工前または加工後の形状を表すのに用いる。
			（5）繰り返しを示すのに用いる。
			（6）図示された切断面の手前にある部分を表すのに用いる。
重心線			断面の重心を重ねた線を表すのに用いる。
破断線	不規則な波形の細い実線、またはジグザグ線	～～～ / ⌐⌐	対象物の一部を破った境界、または一部を取り去った境界を表すのに用いる。
切断線	細い一点鎖線で端部および方向の変わる部分を太くしたもの	▬—・—・—▬	断面図を描く場合、その切断位置を対応する図に表すのに用いる。
ハッチング	細い実線で、規則的に並べたもの	/////	図形の限定された特定の部分を他の部分と区別するのに用いる（断面の切り口など）。
特殊な用途の線	細い実線	———————	（1）外形線およびかくれ線の延長を表すのに用いる。
			（2）平面であることを示すのに用いる。
			（3）位置を明示するのに用いる。
	極太の実線	▬▬▬▬▬▬▬	博肉部の単線図示を明示するのに用いる。

1・図面の基本

● 文字

　図面には、図形のほかに、寸法、ねじや軸受などの規格、熱処理などの指示、加工上の注意などの注記や幾何公差、基準の指示記号、文字などが表記されています。これらの文字や記号は、読み取る際に間違わないように形や大きさをそろえて明瞭に示す必要があります。

　製図に用いる漢字、かな、英字、アラビア数字は、大きさや書体などが、JIS Z 8313 に規格化されています。**文字の大きさ**は、漢字とかなは基準枠の高さ、英字と数字は基準高さによる呼びで表すことになっています。図1-4-2 に文字の大きさの例を示しました。

　CAD を用いれば、任意のフォントの文字を形や大きさをそろえて明瞭に記入することが可能です。また、CAD ではこれらのを基本設定値として記憶させておくことができます。

図 1-4-2　文字の大きさ、基準枠、基準高さ

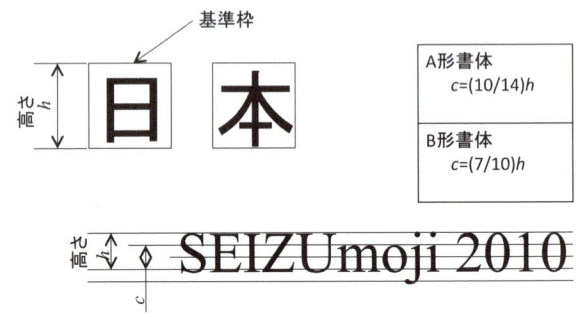

漢字, かなの大きさ（高さh）[mm]	(2.5), 3.5, 5, 7, 10, 14, 20
英字,数字,記号の大きさ（高さh）[mm]	2.5, 3.5, 5, 7, 10, 14, 20

(2.5) かなのみ

CADでは1.8も用いる

❗ CADによる製図

人間の製作物がより多岐にわたり複雑化してくると、効率よく設計・製図・製作を行うためのツールが必要になります。このような背景から開発されたのがCAD（Computer Aided Design）です。

CADとは、設計や製図業務の無人化を図るものではなく、「コンピュータ支援による設計」という意味です。人間の生産活動には人間の創造力が必要で、設計者が人間とコンピュータとの特性を活かしながら設計を進める技術あるいは技法がCADなのです。

CADはコンピュータの特性を活かした多くの機能を有しているので、上手に活用すれば多彩な機能により、機械的作業の効率化、高い図面品質、設計変更や修正の効率化、製品製作工程の短縮、電子データ化による保存と通信の効率向上などその他にも相乗的な多くの効果が期待できます。

CADは機械系CADの他に、建築系、土木系、電機系、電子系などがあります、さらに、アパレル業界では布地や編み物のパターンメイキングからデザイン、型紙設計、裁断システムでCADが活用されており、また、科学分野の分子モデル作成、施設管理部門に適したデータと連携したファシリティマネージメント、地図作成や検索に適したGISシステム、広域ネットワーク化に伴う芯線管理など、多くのCADが活用されています。

CADにより、線種、フォント、カラーなど制御できる事項の自由度は大幅に広がります。CAD製図は、JIS B 3402に規定されています。これは、主に機械工業においてCADを用いて行う製図について、「製図総則」（JIS Z 8310）に整合させながら、CADの機能と特徴を考慮して規定しているものです。したがって、この規格に規定されていない事項については、「製図総則」およびそれに定められた製図規格によることになっています。ただし、CADソフトによっては、必ずしも規格によっていないものもあるので注意が必要でしょう。製図総則を基本として見やすい図面を心がけることが一番大切なことです。

1-5 投影法

●投影図

　立体を投影して投影面に描き出す方法を**投影法**といいます。また、無限の距離にある位置から平行に投影する方法を**平行投影**といいます。平行投影によって投影面に描き出す方法には、投影面を投影線と直角に置いた**直角投影**、斜めに置いた**斜投影**があります。

図1-5-1　投影

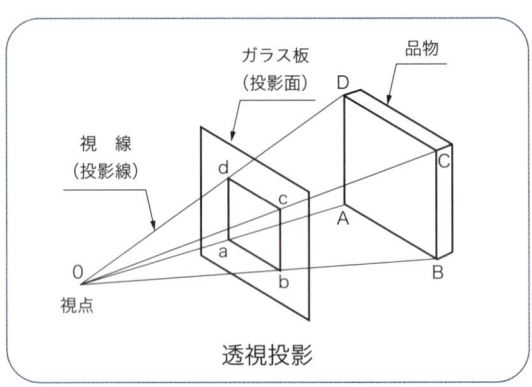

透視投影

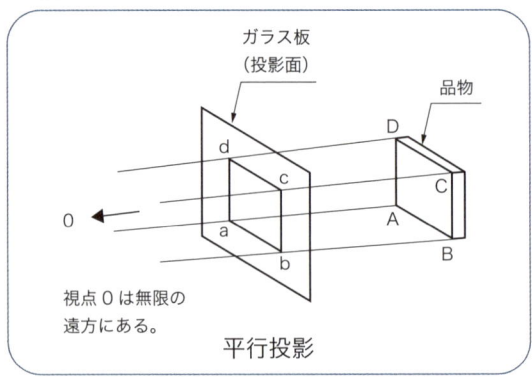

平行投影

直角投影で立体のひとつの面を投影面に平行に置いた場合を**正投影**といいます（図1-5-2）。また、真正面から投影したもの、真上から見たもの、真横から見たものなどを組み合わせて表現する図を**投影図**といいます。

真上から見たものを**平面図**、真正面から見たものを**正面図**、右側から見たものを**右側面図**、左から見たものを**左側面図**、真後ろから見たものを**背面図**、真下から見たものを**下面図**といいます。

投影図は、平行に直角投影されているので、立体の形状とそれぞれの面が同じ寸法で表現され、立体を正確に表すことができます。

立体を表現するには、こうした投影図のうち、正面図、平面図、右側側面図の3面だけで十分理解できることが多いので、一般にこの3つの投影図で立体を図面に表しています。

図 1-5-2　正投影

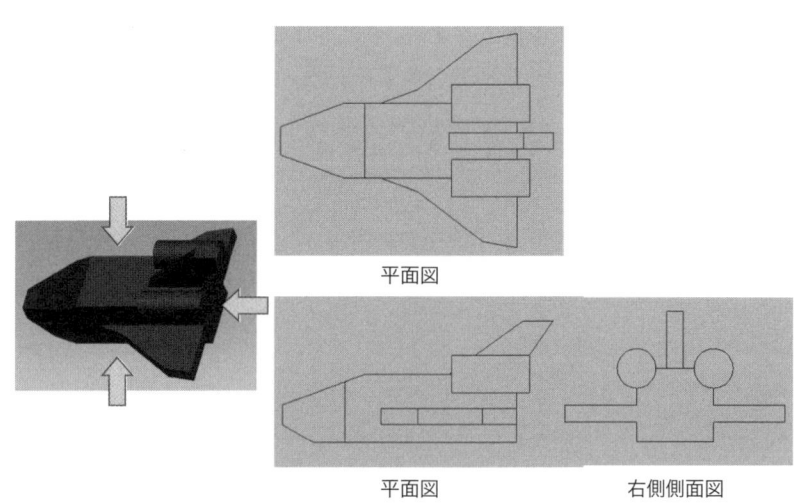

平面図

平面図　　　　　　　右側側面図

●第三角法

対象物を観察者と座標面の間に置き、対象物を正投影したときの図形を対象物の手前の画面に示す方法を**第三角法**といいます。空間を立画面と平画面で図1-5-3のように4つに分けます。

図 1-5-3　空間に立画面と平画面を配置する

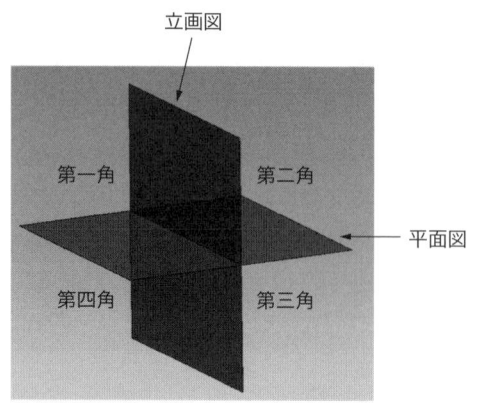

第一角法は対象物を正投影したときの図形を対象物の後ろの画面に示します。第一角法と第三角法の例をそれぞれ図 1-5-4、図 1-5-5 に示します。一般に、機械製図の場合は第三角法が多く用いられます。

図 1-5-4　第一角に立体を置いた場合

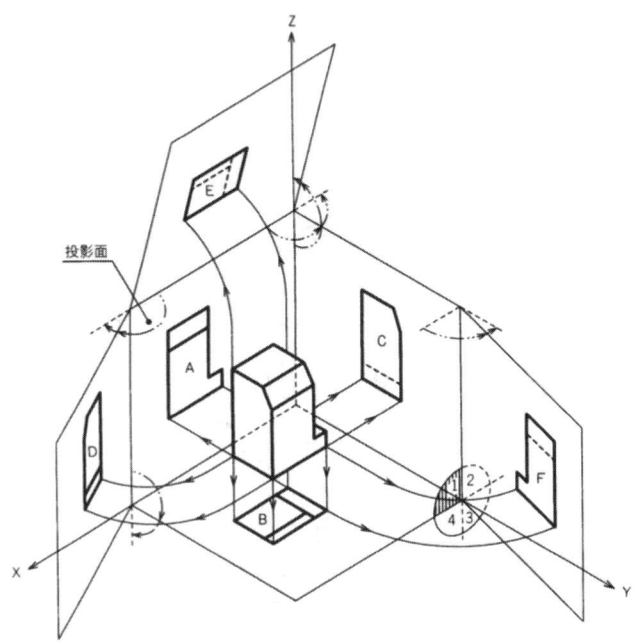

図 1-5-5　第三角に立体を置いた場合

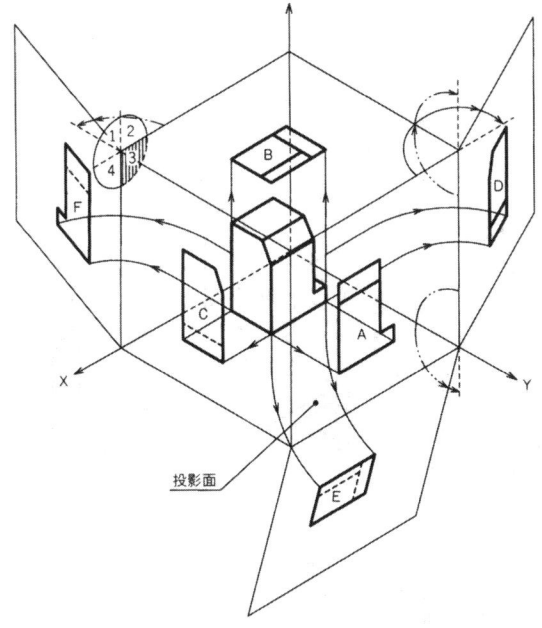

　図面の表題欄の所定のところには、図面がどのような投影法を用いて描かれているのかを記入します。第三角法の場合は、第三角法と表記するか、図1-5-6に示す記号を記入します。

図 1-5-6　第三角法の記号

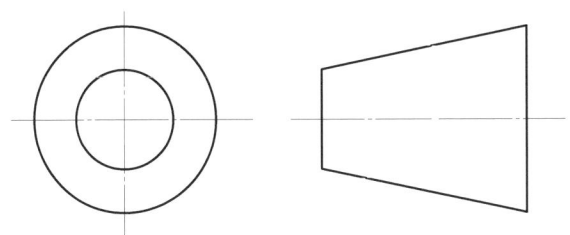

1-6 寸法

●寸法記入

　図面には、図形の寸法を表記します。寸法記入は、読み誤りがないように図面を見る人の立場に立って、正確に、見やすく記入する必要があります。

　一般に、長さの寸法は［mm］単位で記入し、単位記号は付けません。角度の単位は［度］を用い、必要に応じて［分］、［秒］を用います。また、ラジアンの単位をつける場合は、［rad］をつけます。

　例：90°　　22°10'43"　　0.21rad

●寸法線

　寸法線は両端に図1-6-1に示すような端末記号（斜線、黒丸、矢印）を付けます。一般に機械製図では矢印を用い、寸法線が短くて矢印をつけられない場合など、必要に応じて黒丸を用います。また、通常の場合これらを混用しないようにします。

図1-6-1　寸法線の種類

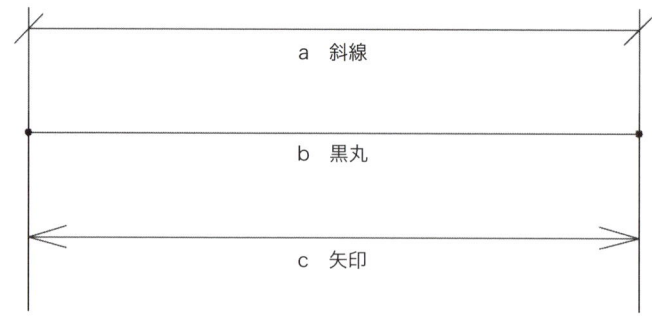

●寸法補助線、寸法値

　寸法線を記入するために図形から引き出す線を**寸法補助線**といいます。寸法補助線を引く際の留意点を図 1-6-2（a）、図 1-6-2（b）に示します。また、寸法の意味を明らかにするために表 1-6-1 に示すような図示記号（**寸法補助記号**）を寸法数値に付加します。

図 1-6-2（a）　寸法線の記入のしかた（よくない例）

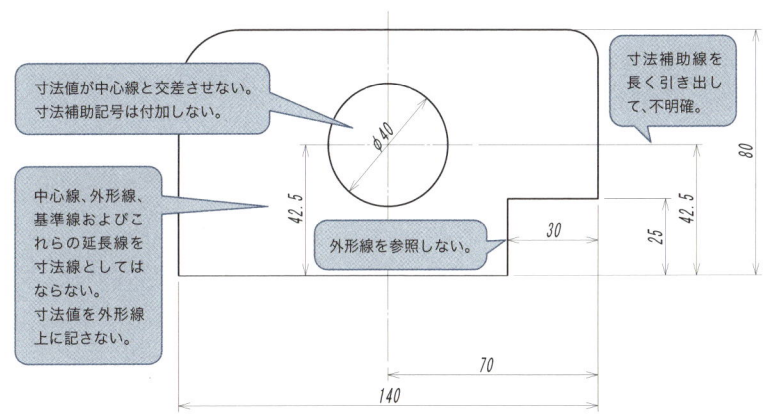

図 1-6-2（b）　寸法線の記入のしかた（よい例）

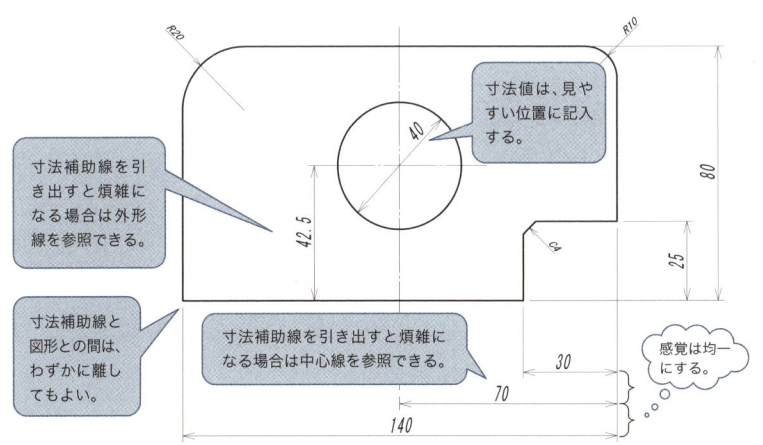

表 1-6-1　寸法補助記号の種類と意味

図示記号	意味
Φ50	直径 50
□50	正方形の辺 50
R50	半径 50
Sφ50	球の直径 50
SR50	球の半径 50
⌒50	円弧の長さ 50
t5	厚さ 5
C1	45°面取り寸法 1

●寸法記入で留意すること

寸法記入においては、次のような事項に留意します。

①寸法記入の原則を守る
- 寸法線は等間隔に引く。
- 図形の近くに小さい寸法、順次外側に大きい寸法を記入する。
- 寸法線は交差しないようにする。
- 図面を見る作業者に、寸法値を計算させないように記入する。

②主投影図に集中した寸法記入を行う。
- 主投影図に表せない寸法は、側面図などの投影図に記入する。

③関連する寸法を1箇所にまとめて記入する。
- 図面中の関連する箇所について正面図と側面図など両方に寸法を記入しない。
- 補足する投影図を描いた図面では、寸法はなるべく図形と図形の中間に記入するようにする。

④加工工程、組立工程を考慮に入れて寸法記入する。
- 加工や組立の際には必ず基準となる箇所があるが、この基準位置をもとに寸法を記入する。

図1-6-3に寸法記入の留意事項を示しました。これらの事項に留意したうえで、明瞭かつ正確な寸法記入を行います。

図 1-6-3 寸法記入の留意事項

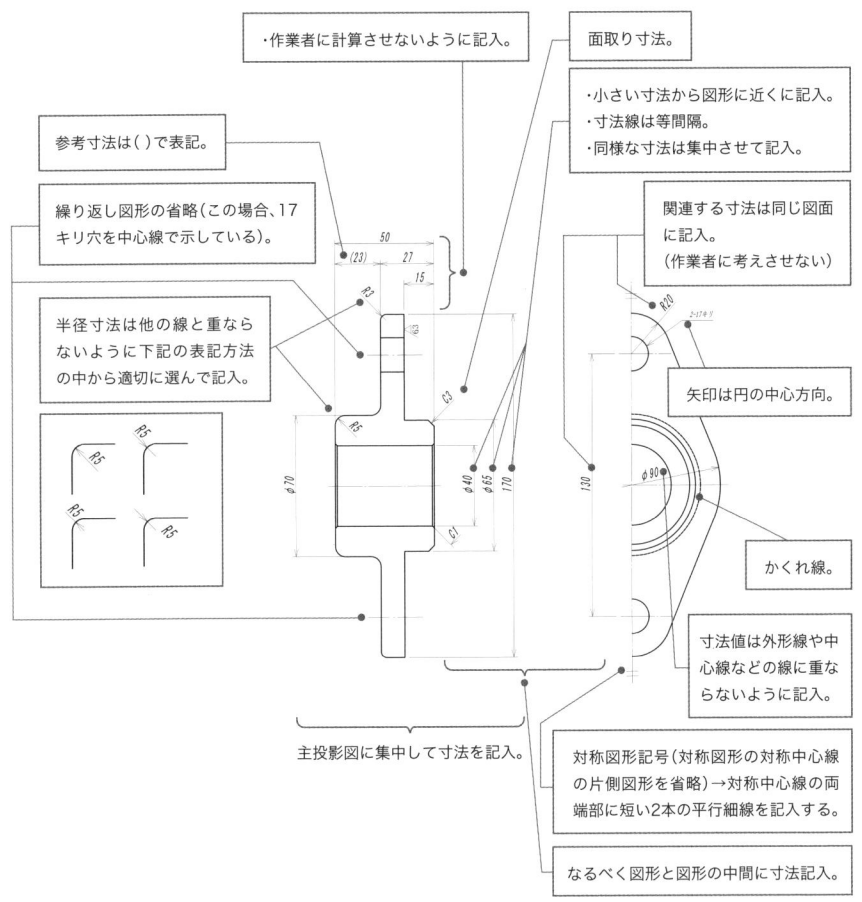

さらに、図面を見る者が誤らないように、図形を用紙内に適確に配置し、用紙内であちこち見比べなくても形状が把握できるように気配りをすることも大切です。参考として、寸法に関連する記入例を図 1-6-4 〜図 1-6-9 に示します。

図 1-6-4　角度を持つ互いに平行な寸法補助線の例

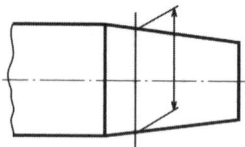

図 1-6-5　図形が交差する場合の例

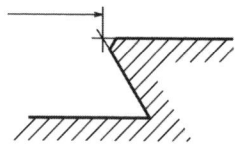

図 1-6-6　寸法線の記入例（隣り合った寸法線が短い場合）

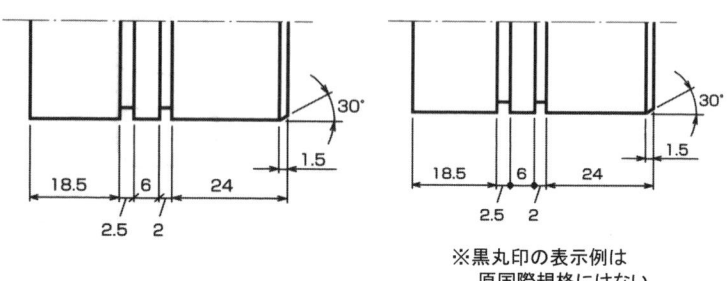

※黒丸印の表示例は
原国際規格にはない

図 1-6-7　半径寸法の記入例

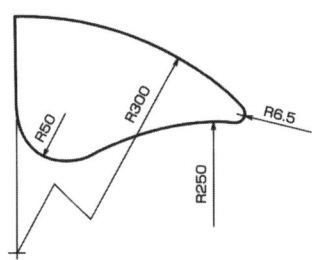

図 1-6-8　寸法数値の位置を変える例

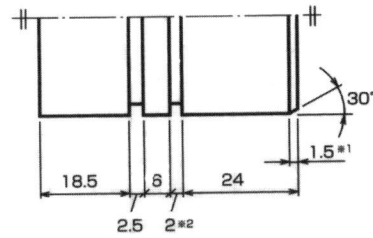

※1　寸法補助線の間隔が短い場合には、一方の端末記号を越えて延長した寸法線の上側に数値を配置することができる。

※2　一般の方法で寸法数値を記入するには、寸法線が短すぎる場合には、寸法線に接する引出線の端に数値を記入することができる。

図 1-6-9　寸法補助記号の使用例

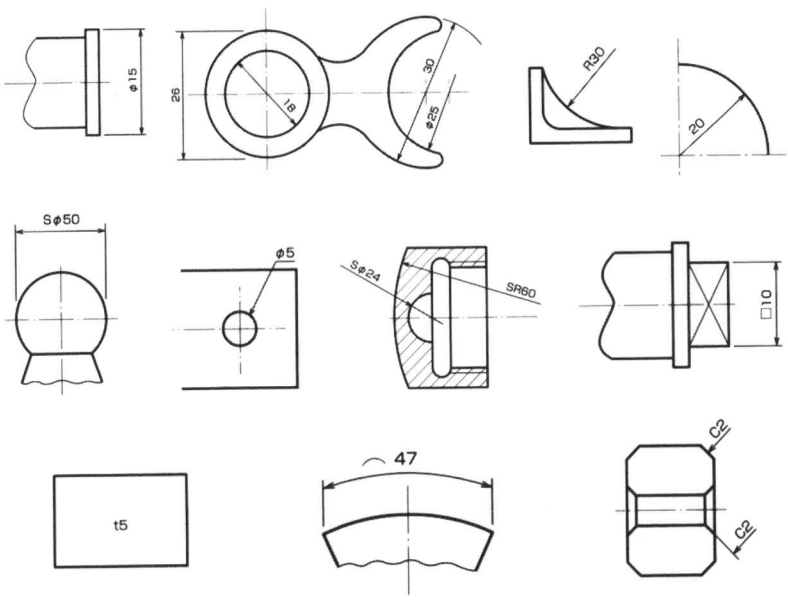

1-7 よい図面とは

● JIS に従った図面

　JIS に従った図面を描くことを心がけることは重要です。これからはずれると図面を見た者が形状を理解することが困難になったり、実際に製作された品物が間違った形状になってしまいます。

　しかし、JIS に従っていれば、図面は完璧であるとはいえません。図面を見る人に対する最大限の配慮が図面には必要です。例えば、図 1-7-1 に示す図面では、実際に加工をする人が間違えにくいように、同一箇所の寸法が正面図か側面図かどちらかに集中させて記入されています。

図 1-7-1　作業者に配慮した図面の例（その 1）

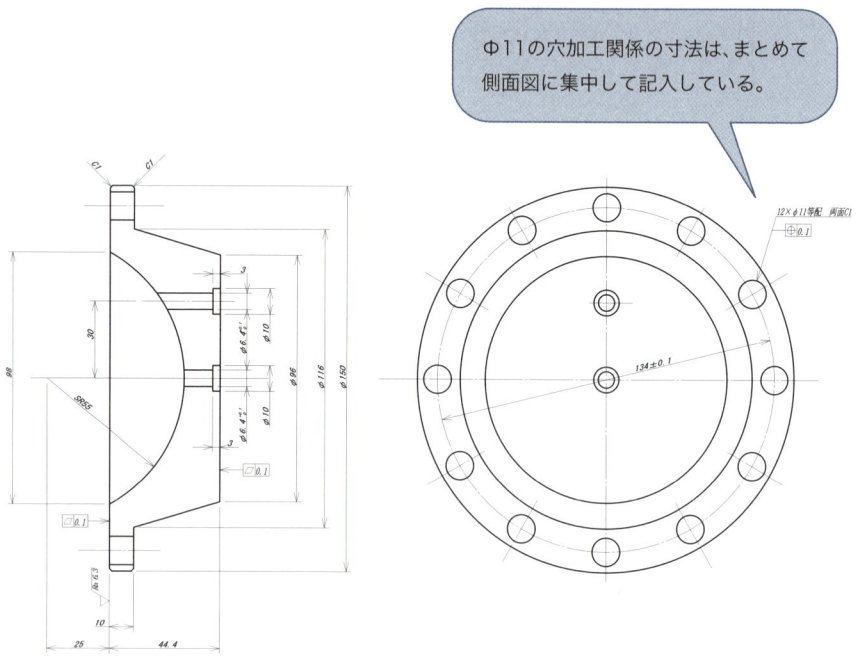

φ11の穴加工関係の寸法は、まとめて側面図に集中して記入している。

作業者が、同じ加工箇所について正面図を見たり、側面図を見たりしながら作業を行うと、加工ミスを起こしてしまう可能性が高くなります。

このようなことが起こらないような配慮が必要です。図1-7-2に示すように、Oリングの溝、はめあい記号なども必要に応じて寸法や寸法公差を併記するとよいでしょう。

図1-7-2　作業者に配慮した図面の例（その2）

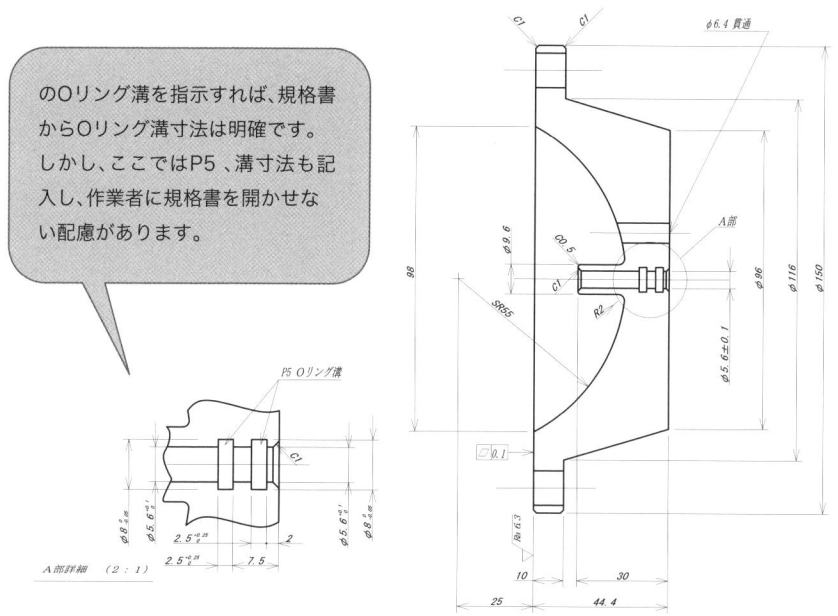

のOリング溝を指示すれば、規格書からOリング溝寸法は明確です。しかし、ここではP5、溝寸法も記入し、作業者に規格書を開かせない配慮があります。

●見る人の立場を考慮した図面

こうした配慮により、作業者は加工途中で作業を中断して寸法値を調べる必要がなくなり、加工ミスが少なくなるのです。ところで、加工ミスが発生した場合、JISに従って描かれた図面を正確に把握しないでミスを犯した作業者が悪いといえるでしょうか。

再度、作り直しをすることで、計画よりも遅れることになります。結局、困るのは設計・製図を行った自分なのです。作業者がミスを引き起こしにくい図面を描くことが重要であり、それがよい図面なのです。

図面の表題欄と部品欄

●表題欄は必ず記載する

　JIS では、図面の輪郭の他に、表題欄を必ず書くことになっています。図1-2-2 に表題欄の例を示しています。**表題欄**には以下の内容を記入します。

　①図面番号
　②図名
　③尺度
　④投影法
　⑤企業名（所属名称）
　⑥図面作成年月日
　⑦責任者（設計、製図、検図等）の署名

　表題欄の形式は決まっていないので、こうした①から⑦の内容が明確に分かるように示しておきましょう。企業では、社内で独自の形式を定めていることも多く、製品の型番や設計修正の履歴も明記するようにしています。
　これらは、誰が設計者で、誰がいつ修正を行ったかといった情報がわかるので、作業者が不明箇所を照会しやすくなります。図面番号は、図面の右下に長さ 170mm 以下の図面番号欄を設け記入します。
　部品欄は、図面の右上か右下角に設けます。組立図では、その図面に含まれている部品の照合番号（品番）、図番、品名、必要に応じて材料、工程などを記入します。部品図では、照合番号（品番）、図番、品名、材料、個数、工程、必要に応じて質量、記事などを記入します。
　形状や寸法が規格で決められている標準部品（ボルト、ナット、小ねじ、止めねじ、座金、キー、転がり軸受など）は、一般的にその部品の呼び方を部品欄に示します。部品欄は表題欄に応じた大きさにするのが一般的です。右下に設ける場合は、表題欄につけて下から上へ書き上げるように記入します。

部品欄には次のような内容を主として記入します。

①照合番号（品番）　照合番号をアラビア数字で記入
②品名　部品の名称を記入
③材料　部品の材料を材料記号や記号の規定がないときは材料名で記入
④個数　部品の個数を記入
⑤工程　部品を加工する工程を工場の略符号などで記入
⑥記事　参照すべき規格番号、熱処理に関する記事や指定事項を記入

照合番号（品番）を組立図に記入する際の記入方法を次に示します。

①照合番号は、明確に区別できるように記入するか、丸で囲む。
②照合番号は、対称とする図形から原則として斜めに引出線を引いて記入する。また互いに交差しないようにする。
③照合番号を囲む円は、引出線の延長上に中心を置くように描く。円の大きさは同一図面では同じとし、約 $\phi 10 \sim \phi 12mm$ とする（図 1-8-1）。

図 1-8-1　照合番号の記入方法（その 1）

④引出線の引き出した側には、形状を表す線から引き出すときは矢印、形状を表す線の内側から引き出すときは黒丸を付ける（図1-8-1）。

⑤多数の照合番号を記入するときは、水平または垂直方向にそろえて配列し、見やすいようにする（図1-8-2）。

図 1-8-2　照合番号の記入方法（その2）

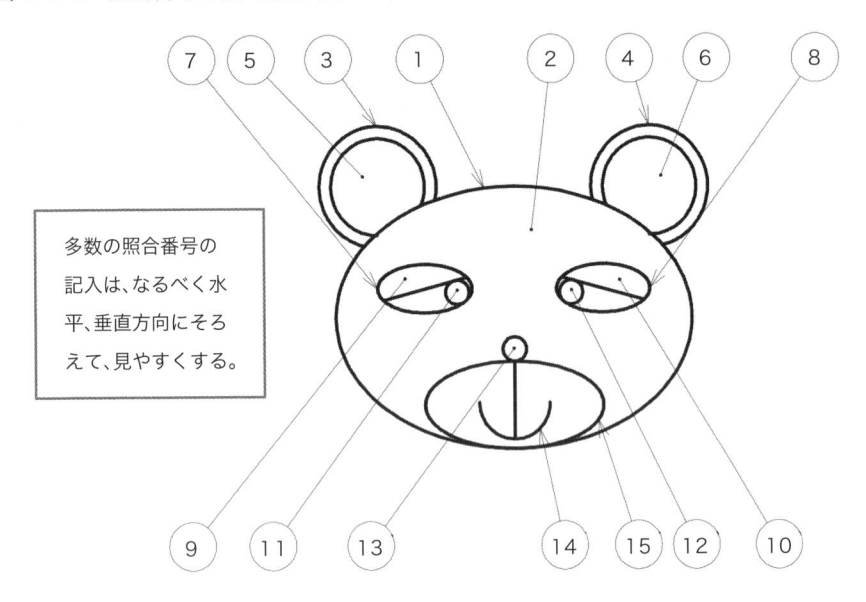

多数の照合番号の記入は、なるべく水平、垂直方向にそろえて、見やすくする。

1-9 正面図と投影図

●対象物の形状を一番良く表している図形を選ぶ

対象物の投影図を描くには、図 1-9-1 に示すように 6 つの図形が考えられます。しかし、実際に製作に用いる図面では、対象物の形を表すために必要なだけの図形があれば十分です。

多くの場合、**正面図**と**平面図**と**側面図**の 3 面図が用いられます。正面図は、その対象物の特徴を最もよく表している面を選びます。正面図で表すことができない部分を平面図と側面図で補足します。

図 1-9-1　正面図の選び方

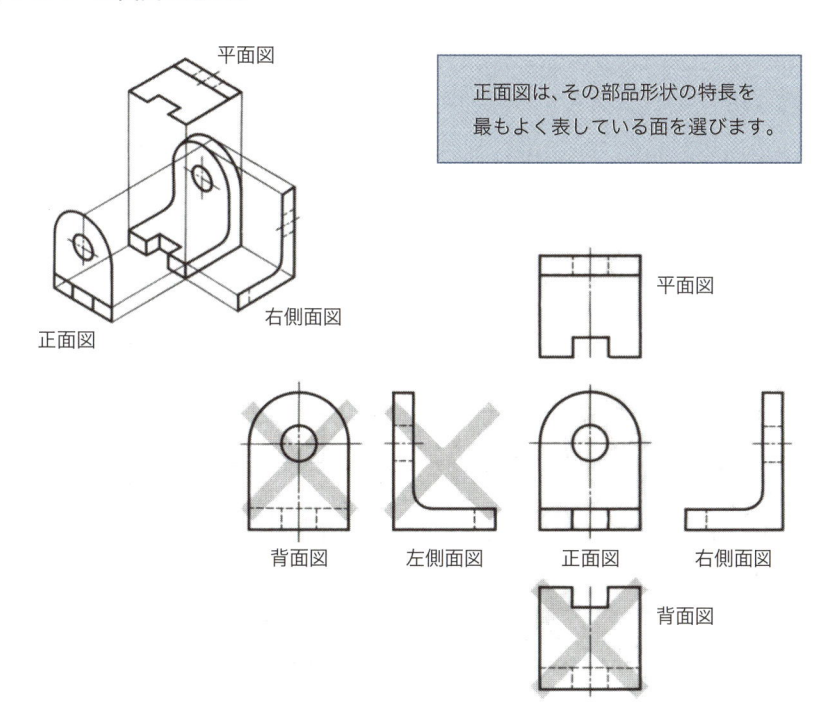

正面図は、その部品形状の特長を最もよく表している面を選びます。

また、対象物の形状によっては、図1-9-2に示すように2つの図形だけで表すことができる場合もあります。逆に、6面すべて描かなければ表せない場合もあります。

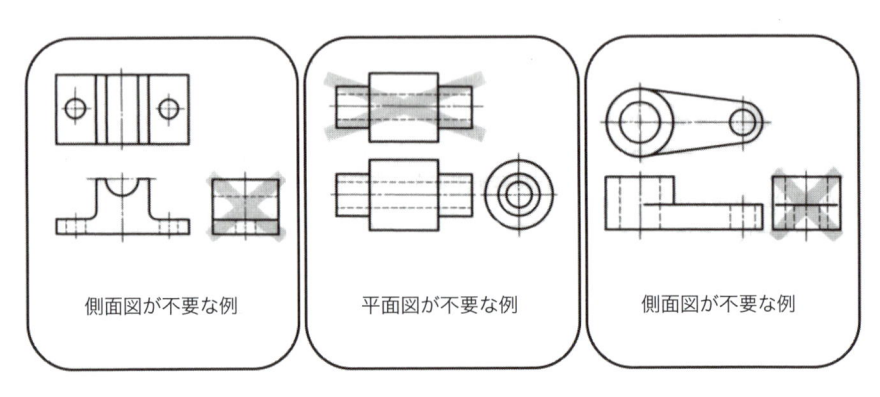

| 側面図が不要な例 | 平面図が不要な例 | 側面図が不要な例 |

図 1-9-2 2つの図形で表すことができる品物の例

> ### ❗ QCDのバランス
>
> QCDとは、品質（Quality）、コスト（Cost）、納期（Delivery）のことで、機械設計に重要な要素です。これらはお互いに密接に関係し合っていますが、すべてを良くすることは困難です。例えば、高い品質を得るためには工数がかかるためコストが高くなったり、納期が長くなったりします。
>
> またコストを低くするためには品質に目をつぶったり、多少納期がかかってもやすい物流手段を選んだりすることになります。納期を短くすることも同様です。それぞれがお互いに相反するのです。
>
> したがって、そのバランスをどのようにとるかが大きなポイントになります。製図も同様で、どんなに品質の高い図面でも長時間かけることはできないし、かといっていくら早く出図できるとしても、ミスばかりの図面では困りものです。バランスよく描きたいものです。
>
> さて、この"Q"と"C"と"D"の順番ですが、「わが社はコストよりも納期優先します」という意味で、QDCと順番を入れ替えて呼ぶ会社があります。

第2章

図面を構成する要素とその表し方

　図面はモノづくりの意図、形状など、モノづくりに関する情報を正確に伝えることができます。したがって、仮に言葉が通じなくとも、図面を囲んで海外の技術者同士で議論をすることができます。そのためには、正しく図面を理解し、正しく書けることが必要です。本章では、ボルトやナットなどに代表されるねじ、軸、軸受、歯車、ベルトやチェーン、ばねなどの機械要素の読み方と書き方について確認していきましょう。機械要素の多くは、どのような機械でも必要に応じて共通した目的で使われることから、JISとして規格化されています。

2-1 ねじとその表し方

●ねじの概要

ねじは、図 2-1-1 に示すように、直角三角形を円筒に巻きつけてできるらせん（これをつるまき線という）を円筒面につけたものです。このらせんに沿って円筒面を 1 回転させたとき、軸方向に進む距離を**リード**といいます。

図 2-1-1　ねじのピッチとリード[2]

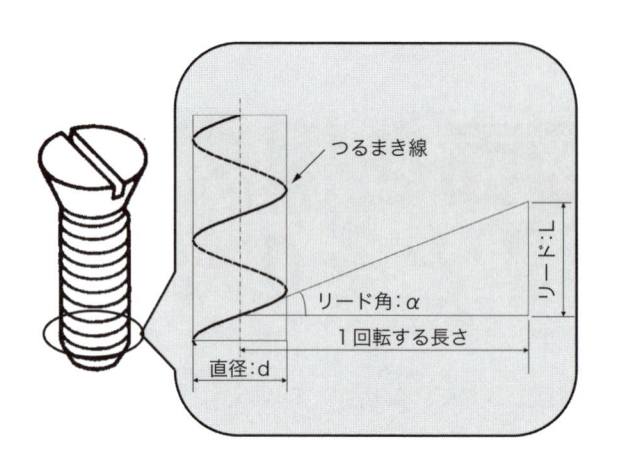

また、直角三角形の斜面の角度を**リード角**といいます。隣り合うねじ山の間隔を**ピッチ**といい、一般に広く用いられている一条ねじ（1 本のねじ山を巻き付けて作られるねじ）では、リードとピッチは等しくなります。

おねじとは、円筒面にらせん状のねじ山を設けたねじをいい、**めねじ**とは、穴の内面にねじ山を設けたねじをいいます。図 2-1-2 に示すように、おねじの外径とめねじの谷の径、おねじの谷の径とめねじの内径がそれぞれ対応しています。

また、おねじを切断する長さとめねじを切断する長さが等しくなる径を**有効径**といいます。ねじには、右回りに回すと前進する**右ねじ**と、左回りに回すと前進する**左ねじ**があります。通常は右ねじを用いますが、必要に応じて左ねじを用いることもあります。

図 2-1-2　ねじの各部の名称

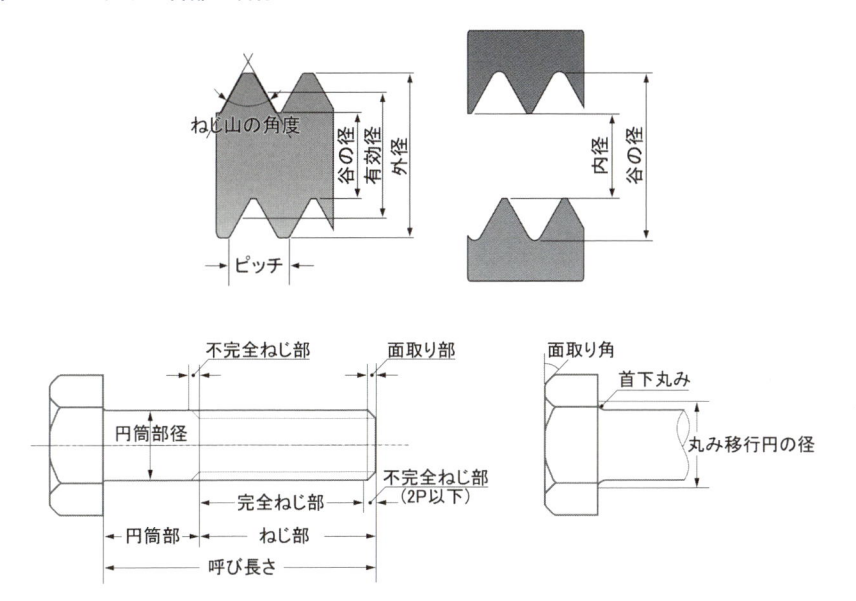

●ねじの図示法

ねじの図示は、一般的に、ねじ山ひとつひとつをすべて投影させて描くことはせず、山の頂を表す線と谷底を表す線で表します。図 2-1-3 におねじの図示方法、図 2-1-4 にめねじの図示方法を示します。

図 2-1-3　おねじの図示方法

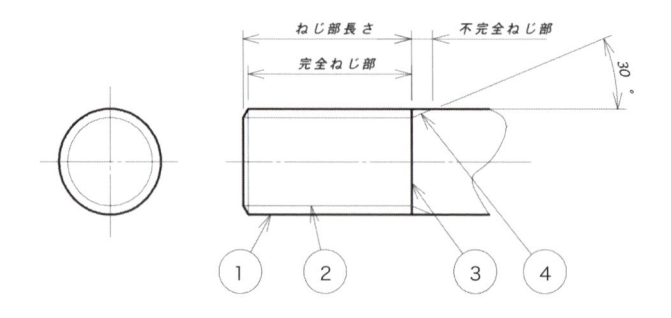

①:おねじの山の頂を表す線→太い実線
②:谷底を表す線→細い実線
③:完全ねじ部と不完全ねじ部の境界を表す線→太い実線
④:不完全ねじ部の谷底を表す線→細い実線

図 2-1-4　めねじの図示方法

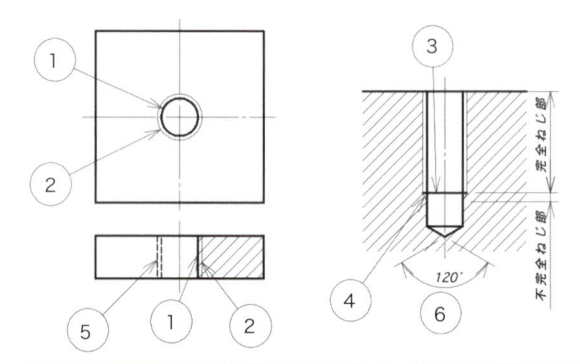

①:めねじの山の頂を表す線→太い実線
②:谷底を表す線→細い実線
③:完全ねじ部と不完全ねじ部の境界を表す線→太い実線
④:不完全ねじ部の谷底を表す線→細い実線
⑤:隠れて見えないねじ山の頂や谷底→かくれ線
⑥:断面図示したねじ下きり穴およびその行き止まり部→太い実線

●ねじの表記方法

　ねじの表し方は、ねじの呼び、ねじの等級、ねじ山の巻き方向、ねじ山の条数を表記しますが、一般に多く用いられている右ねじの**一条ねじ**では、ねじ山の巻き方向とねじ山の条数の表記を省略することができます。ねじの呼

びは以下のように表します。

　［ねじの種類を表す記号］［ねじの呼び径を表す数字］×［ピッチ］

　ただし、メートル並目ねじのように、同じ呼び径に対してピッチがただひとつだけ規定されているねじでは、原則としてピッチの記述を省略します。具体的な表記例を示します。

[例] 　M 30　　　：M30 並目ねじ。ピッチ 3.5 を省略する。
　　　M 10×1.25　：M10 細目ねじ。ピッチ 1.25 を記述

表 2-1-1 にねじの種類を表す記号をまとめて示します。

表 2-1-1　一般用ねじの種類を表す記号およびねじの呼び

ねじの種類		ねじの種類を表す記号	ねじの呼びの表し方の例	関連規格
メートル並目ねじ		M	M10	JIS B 0205
メートル細目ねじ			M8×0.75	JIS B 0207
メートル台形ねじ		Tr	Tr10×2	JIS B 0216
管用テーパねじ	テーパおねじ	R	R3/4	JIS B 0203
	テーパめねじ	Rc	Rc3/4	
	平行めねじ	Rp	Rp3/4	
管用平行ねじ		G	G1/2	JIS B 0202

ねじの等級は、表 2-1-2 に示す記号を記述します。なお、必要がない場合は省略しても良いことになっています。

表 2-1-2　ねじの等級

ねじの種類		メートル並目ねじ (M1.6以上)		メートル細目ねじ (M2×0.25以上)		メートル台形ねじ		管用平行ねじ
		めねじ	おねじ	めねじ	おねじ	めねじ	おねじ	
はめあい区分	精	5H	4h	5H	4h			A
	中	6H	6g	6H	6g	7H	7e	
	粗	7H	8g	7H	8g	8H	8c	B

具体的な表記例を、図 2-1-5 〜図 2-1-9 に示します。

図 2-1-5 ねじの表記例（1）

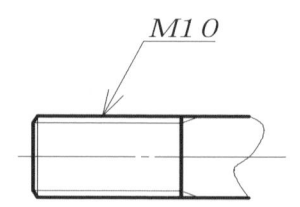

M10

おねじは山の頂を表す線から引出線を出す
メートル並目ねじはピッチの記述を省略する。

図 2-1-6 ねじの表記例（2）

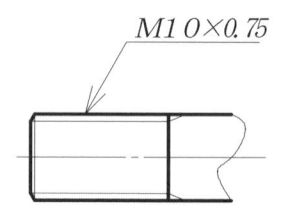

M10×0.75

おねじは山の頂を表す線から引出線を出す
メートル細目ねじはピッチの記述をする。

図 2-1-7 ねじの表記例（3）

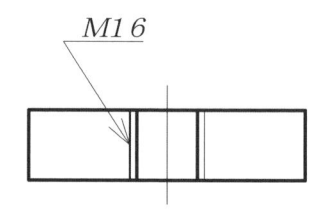

M16

めねじは谷底を表す線から引出線を出す。

図 2-1-8　ねじの表記例（4）

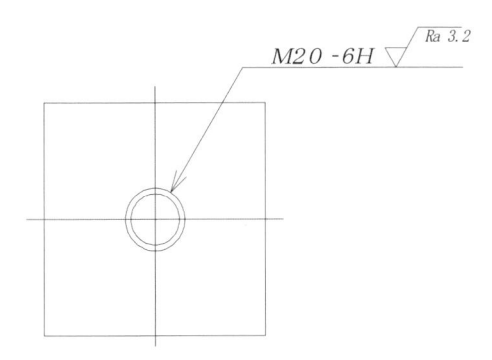

M20 -6H　Ra 3.2

ねじの面の肌を示す記号は、ねじの最後に記述する。
面の肌に関しては第5章を参照。

図 2-1-9　ねじの表記例（5）

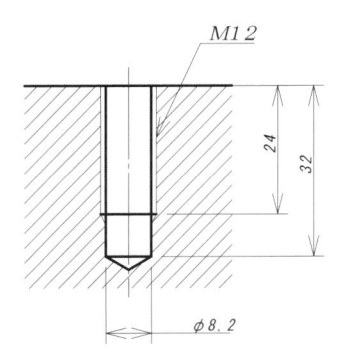

M12

24
32

φ8.2

ねじ込み部の長さを記述する例

2-2 ねじの種類と特徴

●ねじの種類

ねじは、ボルト、ナット、万力などのような機械部品を締め付けて固定するだけでなく、テーブルの送り、ジャッキなどの機械を少しずつ移動させるために用いられています。ねじには多くの種類がありますが、ここでは、一般によく用いられる、三角ねじ、台形ねじ、角ねじ、ボールねじについて取り上げます。表2-2-1に一般的なねじの種類を示します。

表 2-2-1　一般的なねじの種類[2]

ねじの種類			特徴	用途
三角ねじ	メートルねじ	メートル並目ねじ	ゆるみにくい	締結用ボルトなど
		メートル細目ねじ		
	インチねじ	ユニファイ並目ねじ		
		ユニファイ細目ねじ		
		（ウィットねじ）	廃止	
	管用ねじ	管用平行ねじ	ゆるみにくい 機密性が高い	管の接続など
		管用テーパねじ		
台形ねじ			高精度加工が可能 バックラッシが小さい	工作機械の送りねじなど
角ねじ			伝達力が大きい 加工しにくく精度が悪い	ジャッキ、万力など
ボールねじ			摩擦力が小さい バックラッシが小さい	精密工作機械など

（締め付け力：大←→小）

●三角ねじ

三角ねじには、メートルねじ、ユニファイねじ（インチねじ）、管用ねじがあります。ねじ山は三角形で、メートルねじとユニファイねじのねじ山の角度は60°、管用ねじのねじ山の角度は55°になっています。三角ねじは、摩擦力が大きいためゆるみにくい特長があるので、締付けに用いられます。

メートルねじはおねじの外形を mm 単位で表し、ねじの**呼び径**といいます。

また、めねじはそれに合うおねじの外径で表しています。現在、一般的に用いられている三角ねじは、メートルねじにはメートル並目ねじとメートル細目ねじ、ユニファイ並目ねじとユニファイ細目ねじ、管用平行ねじと管用テーパねじがあります。

メートル細目ねじはメートル並目ねじよりもピッチが小さいので、ねじ山の高さも低く、薄肉の部品を締結するのに適しています。また、リード角が小さいためゆるみにくい特長があります。

管用ねじも、メートル並目ねじよりもピッチが小さいので、薄い部分に使用でき、また、機密性が高いので、管と管をつないだり、部品に管を接続するのに用いられます。

●台形ねじ

台形ねじは、ねじ山が台形で、ねじ山の角度が30°のねじです。三角ねじよりも摩擦が小さいため締結用途には適しません。角ねじよりも高精度にねじ山を加工でき、強度もあり、工作機械の送りねじなどに用いられます。

●角ねじ

角ねじは、ねじ山の角度が90°で、摩擦が小さく、力の伝達力が大きいのですが、ねじ山の加工が難しいため精度のよいねじが得にくいという特徴があります。ジャッキや万力などのねじに用いられます。

●ボールねじ

ボールねじは、おねじとめねじの間にボールが入っており、そのボールが転がるので他のねじに比べて摩擦が非常に小さいという特長があります。機械の駆動用や精密な位置決めを要する工作機械に用いられています。

2-3 軸・軸受とその表し方

●軸の概要

軸は、主に回転運動を伝える基本的な機械要素のひとつです。一般に用いられる円筒軸のはめあい部分の直径の寸法は、表 2-3-1 に示すように JIS に規定されています。

表 2-3-1　円筒軸の軸径[4]

4 □	14 *	35 □*	75 □*	170 □*	360 □*
4.5	15 □	35.5	80 □*	180 □*	380 □*
5 □	16 *	38 *	85 □*	190 □*	400 □*
5.6	17 □	40 □*	90 □*	200 □*	420 □*
6 □*	18 *	42 *	95 □*	220 □*	440 □*
6.3	19 *	45 □*	100 □*	224	450 *
7 □*	20 □*	48 *	105 □*	240 □*	460 □*
7.1	22 □*	50 □*	110 □*	250 *	480 □*
8 □*	22.4	55 □*	112	260 □*	500 □*
9 □*	24 *	56 *	120 □*	280 □*	530 □*
10 □*	25 □*	60 □*	125 *	300 □*	560 □*
11 *	28 □*	63 *	130 □*	315	600 □*
11.2	30 □*	65 □*	140 □*	320 □*	630 □*
12 □*	31.5	70 □*	150 □*	340 □*	
12.5	32 □*	71 *	160 □*	355	

注：□印は JIS B 1512（転がり軸受けの主要寸法）の軸受内径による．
　　＊印は JIS B 0903（円筒軸端）の軸端のはめあい部の直径による．
　　単位：mm

●軸受の概要

軸受は主に軸を支え、なめらかに軸を運動させるための機械要素です。軸受は、軸に接続された部品の重量や運動に伴う負荷も支えるため、強度、摩擦による損失、摩耗などについて、十分な検討により選定します。

軸受を潤滑機構から分類すると、図 2-3-1 に示すような、流体膜で荷重を

支持する**滑り軸受**と、図 2-3-2 に示すような、軸受すきまの玉やころなどの転動体によって荷重を支持する**転がり軸受**に分けられます。滑り軸受と転がり軸受の性状比較を表 2-3-2 に示します。

図 2-3-1　滑り軸受[2)]

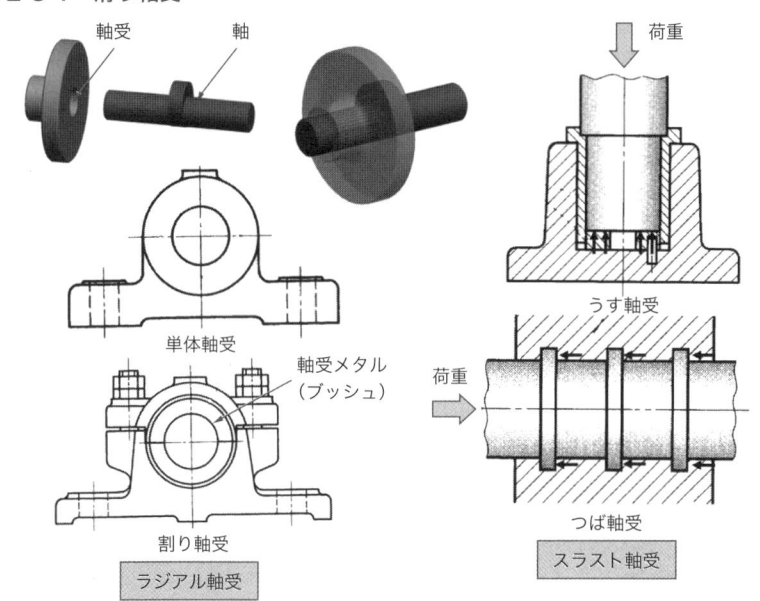

単体軸受
軸受メタル（ブッシュ）
割り軸受
ラジアル軸受

うす軸受
つば軸受
スラスト軸受

図 2-3-2　転がり軸受[5)]

深溝玉軸受　　アンギュラ玉軸受　　自動調心玉軸受　　円筒ころ軸受

● 軸・軸受の図示法

軸と軸受の図示例を図 2-3-3、図 2-3-4、図 2-3-5 に示します。

表 2-3-2 滑り軸受と転がり軸受

項目	滑り軸受け	転がり軸受け
形状	直径は小、幅（長さ）は大。	直径は大、幅（長さ）は小。
構造	一般に簡単。	一般に複雑。
交換性	あまり規格化されていない（自家製作容易）。	規格化されているので交換容易。
拘束性	軸方向に自由であるの、軸の伸びを逃げることができる。	軸方向に拘束できるのでスラスト荷重を支持できる。
摩擦	起動摩擦大。しかし、運転中、特に大荷重時は摩擦係数小。	比較的小（特に起動摩擦小）。摩擦係数約 $10^{-2} \sim 10^{-3}$。
潤滑剤	通常は液体潤滑剤のみ。	液体潤滑剤、グリース。
寿命	摩耗すれば寿命がくるが、取り扱いが良ければ半永久的。	転動体によって繰り返し圧縮が行われ疲労破壊が起こる。
温度特性	高温低温では潤滑油の性能が変化するので良くない。	温度変化に比較的良い。
高速性能	一般に有利（ただし、強制給油による冷却が必要）。	転動体、保持器などがあるので一般に不利。
低速性能	一般に不利。	一般に有利。
耐衝撃性	一般に良い。	一般に良くない。
振動・騒音	特別な高速をのぞき、一般に発生しない。	発生しやすい。
潤滑・保守	一般に手がかかる。	一般に容易（特にグリース潤滑では容易）。

図 2-3-3 軸の図示例

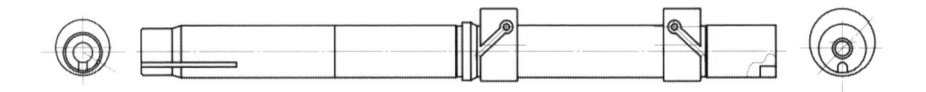

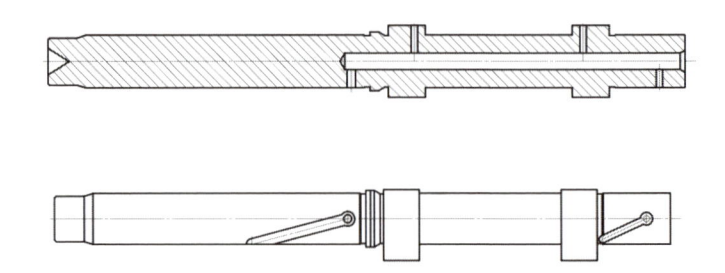

図 2-3-4 軸受の図示例

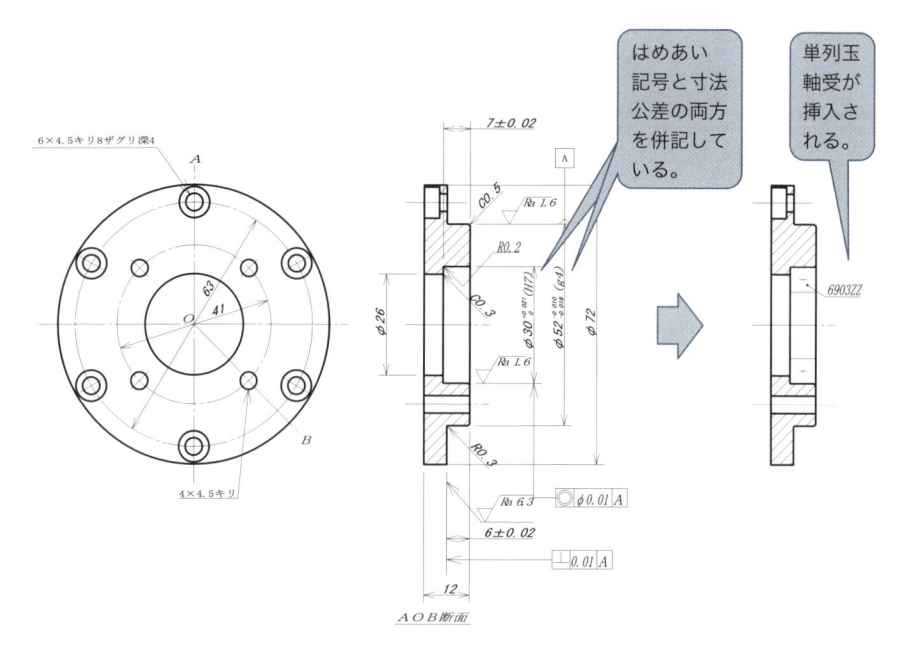

(図：軸受の図示例。はめあい記号と寸法公差の両方を併記している。単列玉軸受が挿入される。6903ZZ)

図 2-3-5 転がり軸受の図示例[6]

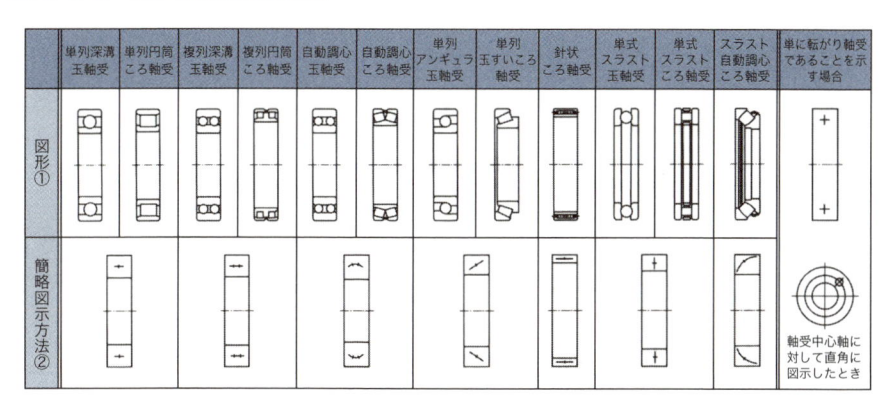

	単列深溝玉軸受	単列円筒ころ軸受	複列深溝玉軸受	複列円筒ころ軸受	自動調心玉軸受	自動調心ころ軸受	単列アンギュラ玉軸受	単列玉すいころ軸受	針状ころ軸受	単式スラスト玉軸受	単式スラストころ軸受	スラスト自動調心ころ軸受	単に転がり軸受であることを示す場合
図形①													
簡略図示方法②													軸受中心軸に対して直角に図示したとき

2-4 歯車とその表し方

●歯車の概要

　歯車は、回転体の外周表面に等間隔の歯を設け、歯のかみ合いによって動力を効率よく直接伝動する機械要素です。回転機械に広く使われています。駆動側と従動側の速度比（速度伝達比）や軸方向を変えたりします。

表 2-4-1　歯車の分類[7]

2軸の相対位置	歯車の種類		歯すじ、形状の特徴
平行	平歯車		歯すじが軸に平行な円筒歯車。
	はすば歯車		歯すじがつるまき線状にねじれた円筒歯車。
	やまば歯車		左右両ねじれのはすば歯車。
	内歯車		歯が円筒の内側にある歯車。
	ラック	すぐばラック　はすばラック	円筒歯車の基準ピッチ円筒の半径が無限大になった直線状の歯付き棒。
交差	すぐばかさ歯車		歯すじがピッチ円すい母線と一致するかさ状の歯車。
	まがりばかさ歯車		歯すじがつるまき線以外の曲線状になっているかさ状の歯車。
	はすばかさ歯車		歯すじがつるまき線状になっているかさ状の歯車。
くいちがい	ウォームギヤ	円筒ウォーム　円筒ウォームホイール	ウォームとウォームホイールからなる歯車対の総称。ウォームはねじ状の山をもった円筒形歯車。ウォームホイールはくいちがい軸でウォームとかみ合う歯面をもつ歯車。
	ハイポイドギヤ		くいちがい軸で円すいまたは円すいに近い形状をもつ歯車または歯車対。

歯車の主な種類を表2-4-1に示します。また、図2-4-1に歯車の歯の各部の名称を示します。

図 2-4-1　歯車の各部の名称（平歯車） [8]

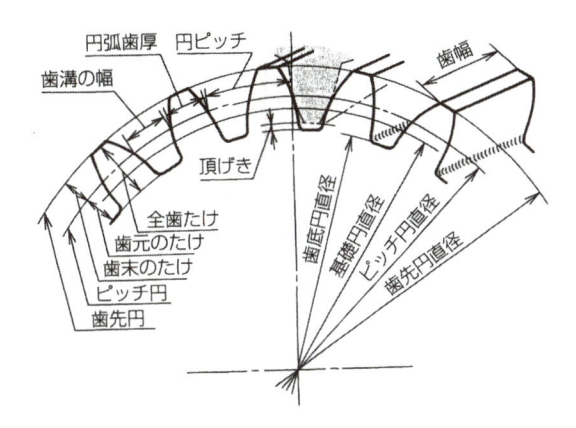

（図：平歯車の各部名称　円弧歯厚、円ピッチ、歯溝の幅、歯幅、頂げき、全歯たけ、歯元のたけ、歯末のたけ、ピッチ円、歯先円、歯底円直径、基礎円直径、ピッチ円直径、歯先円直径）

●モジュール

歯車の歯はピッチ円に等間隔で創成されています。その円周に沿った間隔を**円ピッチ**あるいは**ピッチ**といいます。ピッチ円直径 d を歯数 Z で割った値を**モジュール**（m）といいます。歯車は、同じ円ピッチのものでなければ互いにかみあうことができません。

したがって、互いにかみあう歯車は、モジュールが必ず同じ値でなくてはならないのです。これは歯の大きさが同じであることを意味しています。一般に、歯の大きさを表すのにモジュールを用います。歯のたけ、頂げきなどは、モジュールをもとにしてその何倍というように決められています。モジュールの標準値も JIS に規定されています。

●歯車の図示法

機械加工で製作される歯車の図面は、JIS B 0003 に規定されており、略図によって表記します。鋳造で歯車を作る場合は型製作のために歯形を描く必要があります。一般的には、略図で示します。

また、歯車の部品図は図面の他に**要目表**が必要です。要目表には歯切り、組立および検査などに必要な事項を記入し、図面の中に一緒に表記します。

ここでは、機械加工で製作される平歯車を例に説明します。

①歯車の図示

歯車の図面は、歯車の歯を加工する直前までの機械加工を終了した状態の形状と寸法を示します。次に示す事項も留意しましょう。
- 一般に軸に直角な方向から見た図を主投影図とする。
- 主投影図、側面図とも歯先の線は太い実線で描き、ピッチ円、ピッチ線は細い一点鎖線で描く。
- 歯底円は、細い実線で描くが、側面図は省略しても良い。主投影図を断面図示するときは、歯は切断せずに、歯底の線を太い実線で描く。
- かみあう1対の歯車の図示は、側面図のかみあい部の歯先円をいずれも太い実線で描く。主投影図を断面図示するときは、紙愛撫の一方の歯先円を示す線をかくれ線で描く。

図 2-4-2　歯車の図示例（平歯車）[8]

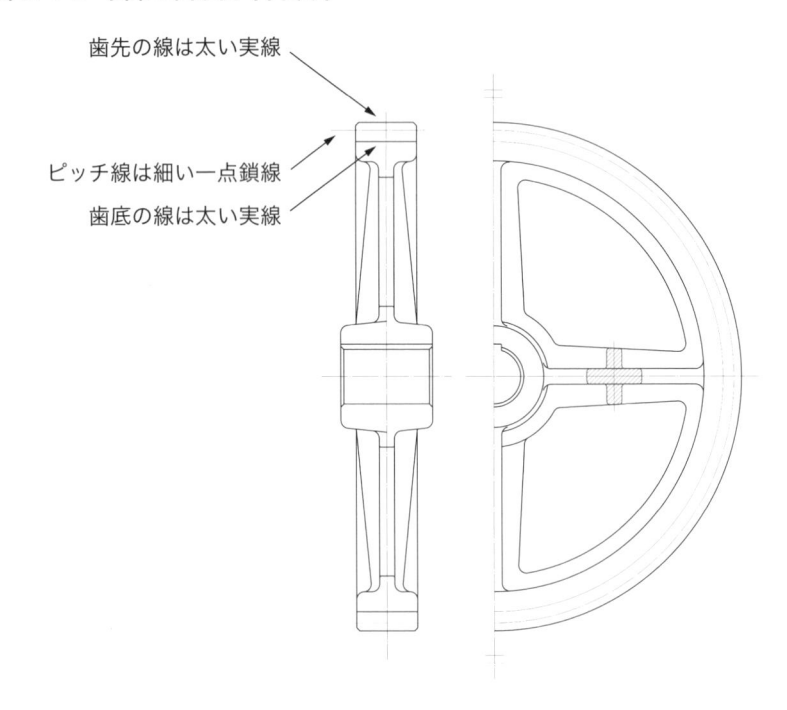

歯先の線は太い実線

ピッチ線は細い一点鎖線

歯底の線は太い実線

②歯車の要目表

歯車の要目表には、次の内容を記入します。

歯車歯形：標準・転位などの区別を記入する。歯形の修整が必要な場合は備考欄に修整と記入し、修整歯形を図示する。

基準ラック：歯形は並歯（注2）、低歯（注3）などの区別を記入する。工具の歯形を修整する場合には備考欄に修整と記入し、修整工具歯形を図示する。

　　注2：有効歯たけがモジュールの2倍で、歯末のたけモジュールに等しい歯形。
　　注3：全歯たけが並歯よりも低い歯形で、歯末たけがモジュールの0.8倍のものが多い。

- 基準ピッチ円直径：モジュール×歯数の数値を記入する。
- 歯厚：計測基準寸法と、その寸法許容差を示す。
- 仕上げ方法：歯車の工作法や使用機械などを記入する。
- 精度：歯車の最終精度を示す。
- 備考：バックラッシ、材料、熱処理、堅さなどを必要に応じて記入する。平歯車およびはすば歯車のバックラッシは規格に定められている。

要目表の記入例を表2-4-2に示します。

表2-4-2　要目表の例

	歯車歯形	標準	仕上方法	ホブ切り
基準ラック	歯形	並歯	精度	JIS B1702 9級
	モジュール	3	備考	熱処理のこと
	圧力角	20°		
	歯数	91		
	基準ピッチ円直径	273		
	転位量	0		
	歯たけ	6.75		
歯厚	またぎ歯厚			

2-5 ばねとその表し方

●ばねの概要

ばねは弾性変形を利用してエネルギーの蓄積や放出により仕事を行う機械要素です。ばねの種類は図2-5-1に示すように材料により分類されます。

図2-5-1　ばねの種類

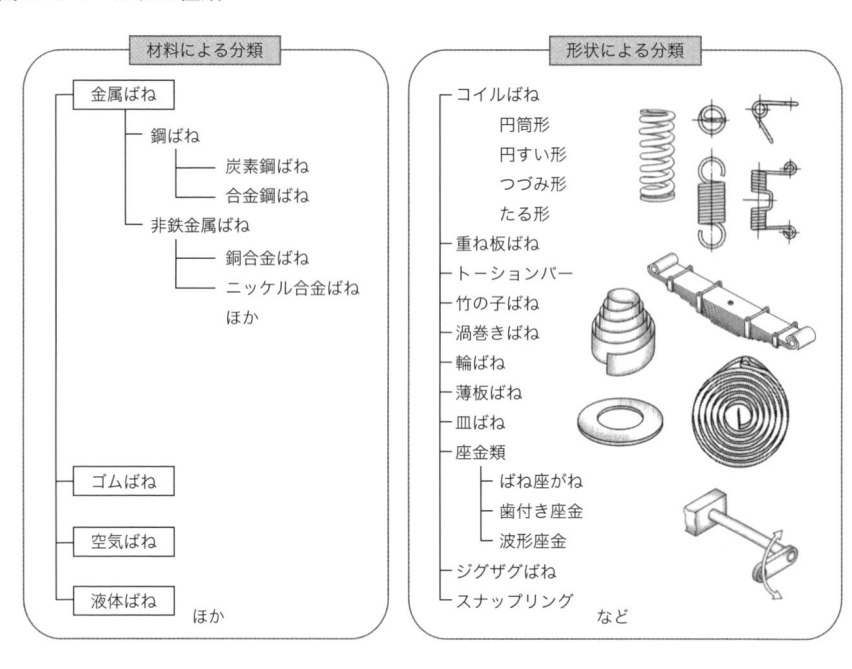

```
材料による分類
金属ばね
  ├ 鋼ばね
  │   ├ 炭素鋼ばね
  │   └ 合金鋼ばね
  └ 非鉄金属ばね
      ├ 銅合金ばね
      └ ニッケル合金ばね
        ほか
ゴムばね
空気ばね
液体ばね
          ほか

形状による分類
コイルばね
  円筒形
  円すい形
  つづみ形
  たる形
重ね板ばね
トーションバー
竹の子ばね
渦巻きばね
輪ばね
薄板ばね
皿ばね
座金類
  ├ ばね座がね
  ├ 歯付き座金
  └ 波形座金
ジグザグばね
スナップリング
          など
```

①コイルばね

線材をコイル状に巻いたばねでで、最も多く使われています。圧縮ばね、引張りばね、ねじりばねがあります。

②板ばね

何枚かのばね板を重ねて、中央部を固定した重ね板ばねが最も一般的です。トラックや鉄道車両の緩衝効果をもつ懸架装置に用いられています。

③渦巻きばね

薄鋼板や帯鋼などのばね材を渦巻き状に巻いたばねでで、ゼンマイも渦巻きばねのひとつです。

④皿ばね

穴の開いた皿のような形状のばねで、比較的小スペースで大きな負荷荷重を受けることができます。皿ばねは数個重ねて使われることが多く、ナットのゆるみ止めなどにも用いられます。

⑤トーションバー

棒状のばねで、ねじりによる復元力を利用するばねです。緩衝効果があり、自動車車輪の懸架装置などに利用されています。

●ばねの図示法

ばねの製図は、JIS B 0004 に規定されています。一般に図 2-5-2 のように略図を用い、必要事項は表 2-5-1 のように要目表に記入します。

図 2-5-2 コイルばねの図示例（略図） [9]

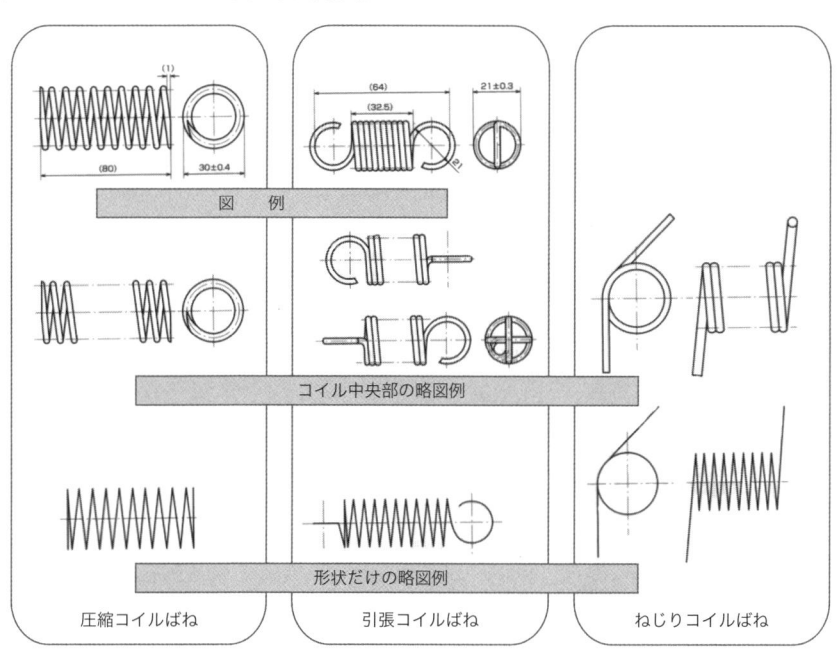

表 2-5-1　ばねの要目表記入例

材料		SW-C
材料の直径　　　　　　　　mm		2.6
コイルの平均径　　　　　　mm		18.4
コイルの外径　　　　　　　mm		21±0.3
総巻き数		11.5
巻き方向		右
自由長さ mm　　　　　　　mm		(64)
ばね定数　　　　　　　　　N/m		6.28
初張力　　　　　　　　　　N		(26.8)
指定	荷重　　　　　　　　　N	—
	荷重時の長さ　　　　　mm	—
	長さ　　　　　　　　　mm	86
	長さ時の荷重　　　　　N	165±10%
	応力　　　　　　　　　MPa	532
最大許容引張長さ　　　　　mm		92
フックの形状		丸フック
表面処理	生計後の表面加工	—
	防せい処理	防せい油塗布

①コイルばねの図示

コイルばねは、以下の要領で描きます。

- 一般に無荷重のときの形状を描く。
- 図に指示がない場合は右巻きとし、左巻きの場合は巻き方向左と記入する。
- 寸法記入は、図中に記入出来ないときは一括して要目表（表2-5-1）に示す。

②重ね板ばねの図示

重ね板ばねは、以下の要領で描きます（図2-5-3）。

- 一般にばね板が水平の状態で描く。また、寸法記入では荷重を明記する。無負荷の状態を示すときは、想像線で描く。
- 重ね板ばねの寸法は、ばねのスパン、無荷重のときのそり、胴締め、両端部および各ばね板の寸法などを記入する。
- 形状だけを図示する略図は、ばねの外形を太い実線で描く。
- 一般にボルト、ナット、金具などを組み立てた状態で描くこともある。

図 2-5-3　重ね板ばねの図示例[9]

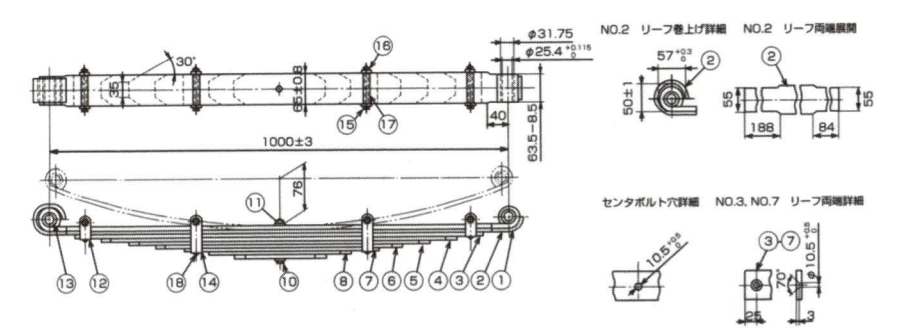

荷重 (kN)	ソリ (mm)	スパン (mm)	備考
0	76		無負荷
12	16±3	1000±3	常用荷重
22.5			試験荷重

備考　本図は荷重12kNの場合を示す。

ばね板（リーフ）寸法			
照合番号	展開の長サ	厚サ	幅
1	1156		
2	1080		
3	778		
4	670	8±0.2	65±0.8
5	552		
6	440		
7	320		
8	205		
9	100		

照合番号	名称	材料	個数
10	センタボルト		1
11	ナット （センタボルト用）		1
12	ブシュ		2
13	クリップアウタ		2
14	クリップインナ		2
15	クリップボルト		4
16	ナット （クリップボルト用）		4
17	スペーサ		4
18	リベット		4

💡 削って作るコイルばね

　コイルばねは、通常は線材をコイル状に巻いて製作されます。コイル部分の形状から、円すい形、つづみ形、たる形などがあります。円筒コイルばねは、コイル径とピッチが一定です。製作費が比較的安く、専用機械で成型すれば、安定したばね機能を持つ小型軽量なばねを製造できます。高精度なばねの動作が要求される場合には、写真のような鋼材を切削加工により製造することもあります。

③皿ばね、渦巻きばね、トーションバーの図示

コイルばねと同様に無荷重のときの形状を以下に図示します。

図 2-5-4 皿ばねの図例[9]

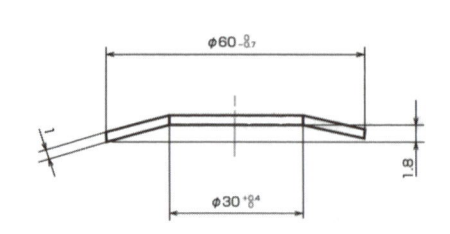

材料		SK5-CSP
内径 mm		$30^{+0.4}_{0}$
外径 mm		$60^{0}_{-0.7}$
板厚 mm		1
高さ mm		1.8
指定	たわみ mm	1.0
指定	荷重 N	766
指定	応力 MPa	1100
最大	たわみ mm	1.4
最大	荷重 N	752
最大	応力 MPa	1410
硬さ HV		400〜480
表面処理	成形後表面加工	ショットピーニング
表面処理	防せい処理	防せい油塗布

図 2-5-5 渦ばねの図例[9]

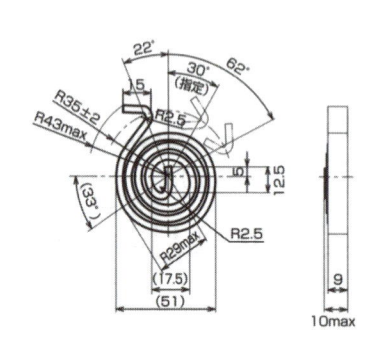

材料		SWRH62A
板厚 mm		3.4
板幅 mm		9
巻数		約3.3
全長 mm		420
軸径 mm		φ14
使用範囲 度		30〜62
指定	トルク N・m	7.9±4.0
指定	応力 MPa	764
硬さ HRC		35〜43
表面処理		リン酸塩皮膜

図 2-5-6　トーションバーの図例[9]

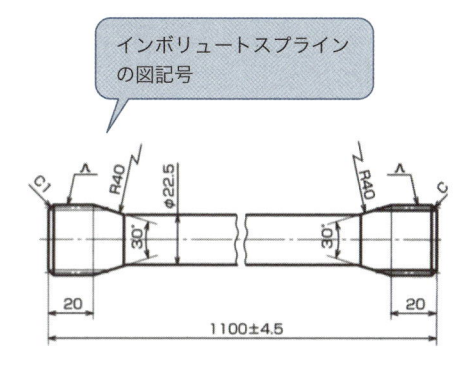

インボリュートスプラインの図記号

材料		SUP12
バーの直径　mm		22.5
バーの長さ　mm		1100±4.5
つかみ部の長さ mm		20
指定	形状	インボリュートセレーション
	モジュール	0.75
	圧力角　度	45
	歯数	40
	大径　mm	30.75
	ばね定数　N·m度	35.8±1.1
標準	トルク　N·m	1270
	応力　MPa	500
最大	トルク　N·m	2190
	応力　MPa	855
硬さ　　　HBW		415〜495
表面処理	材料の表面加工	研削
	成形後の表面処理	ショットピーニング
	防せい処理	黒色エナメル塗装

「5ゲン主義」で描く図面

「5ゲン主義」とは、現場・現実・現物・原理・原則の5つの"ゲン"から始まる言葉のことで、この5つを基幹において仕事を進めることをいいます。この言葉は、技術者の初心として持つべき大切な要素を簡潔に表しています。図面を描く場合においても同じです。技術者は、現場を知らなくてはよい図面は描けないですし、それが製作できるかの現実を知らなくては使いものにならない空想の図面になってしまいます。また、自分が描いているモノ、つまり現物を知ることによって的確な注記が入れられるし、作図には幾何学的な原理や製図のルールである原則を知らなくては図面を描けないのです。製図室やCADルームに籠もっていては、良い図面は描けないのです。「5ゲン主義」の極意を得た、"できる"技術者が求められているのです。

2-6 組立図と部品図

●部品がどのように組み立てられるのか

機械などの製品は、多くの部品により構成されています（図2-6-1）。その部品がどのように組み立てられるのかを示すのが**組立図**です。必要に応じて、部分組立図も用意します。

すべての部品が反映されている図面が**総組立図**です。総組立図には個々の部品の図番がたどれるようにすることはもちろんのこと、部品の材料や個数、処理なども分かるようにします。

こうすることにより、材料の手配、作業工程の検討などがわかりやすくなります。試作業者に見積もりを依頼する際も組立図があると、部品同士の勘合状態が明確になり、作業工数もわかりやすくなるのでスムーズに進みます。

図2-6-2に組立図の例を示します。組立図には、構成されている部品の部品番号を示し、要目欄に部品の情報を記載します。また、組立時に必要な寸法や公差、処理なども記入します。

図2-6-1　図面の構成例

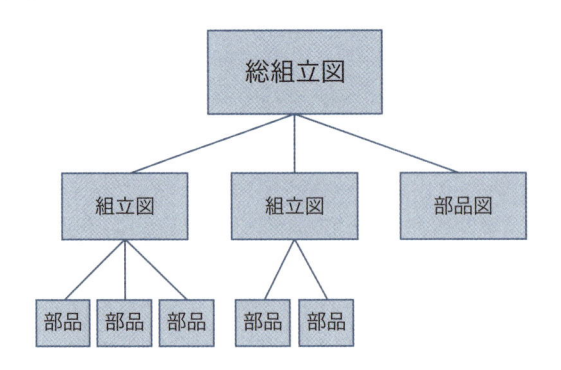

図 2-6-2 組立図の例

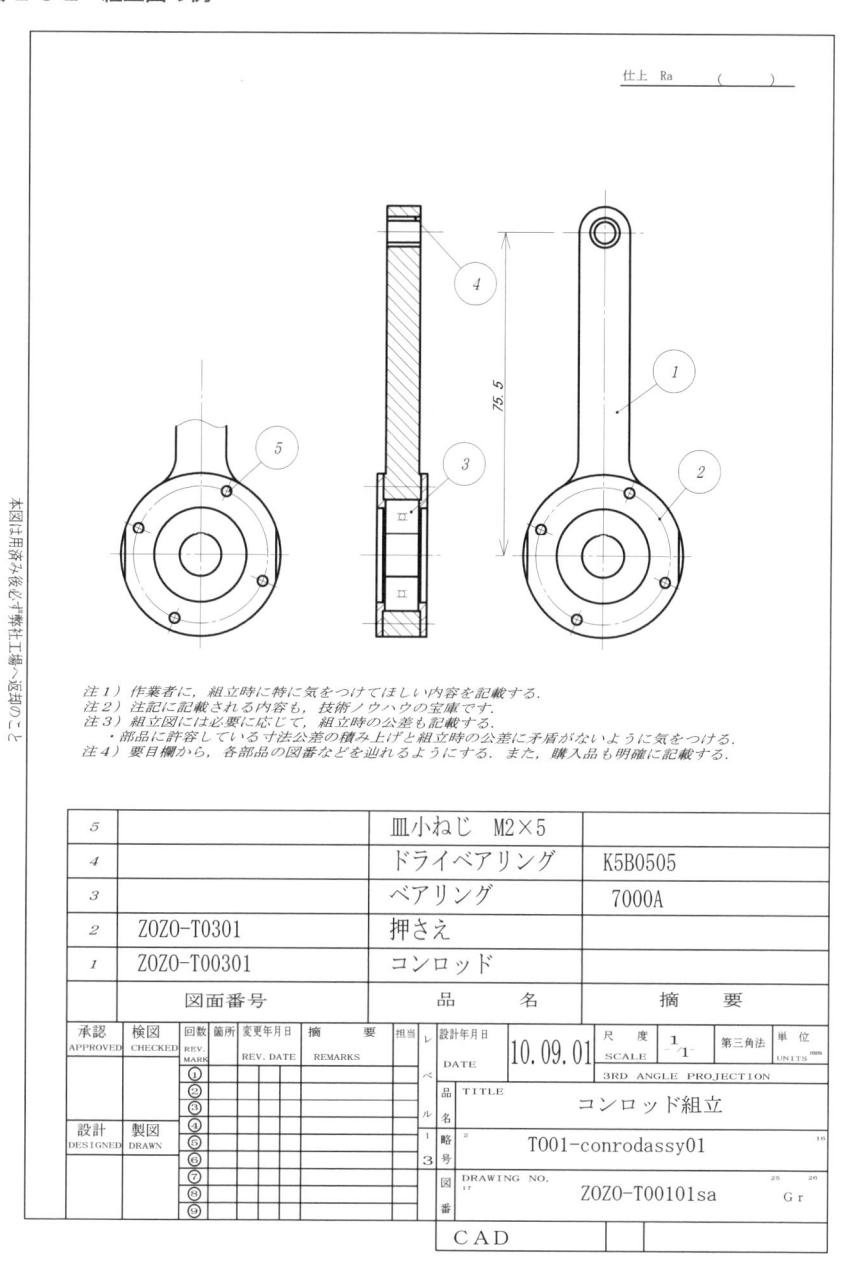

注1）作業者に，組立時に特に気をつけてほしい内容を記載する．
注2）注記に記載される内容も，技術ノウハウの宝庫です．
注3）組立図には必要に応じて，組立時の公差も記載する．
　・部品に許容している寸法公差の積み上げと組立時の公差に矛盾がないように気をつける．
注4）要目欄から，各部品の図番などを辿れるようにする．また，購入品も明確に記載する．

5		皿小ねじ M2×5	
4		ドライベアリング	K5B0505
3		ベアリング	7000A
2	ZOZO-T0301	押さえ	
1	ZOZO-T00301	コンロッド	
	図面番号	品　　名	摘　　要

2．図面を構成する要素とその表し方

2-7 ボルトとナット

●用途に応じた様々な種類がある

ボルトは、用途に応じてさまざまなものがあります。ボルトの頭部やナットは図 2-7-1 に示すように、六角形になっているものが広く使われており、**六角ボルト**、**六角ナット**といいます。これらは、通しボルト、押さえボルト、植え込みボルトとして使われます。

円形の頭部に六角形の穴がついている六角穴付きボルトは、頭部の大きさが六角ボルトよりも小さく、材質も強度が高いものが使われていることから、狭い箇所での締結やボルトの頭を沈めたいときに使用されます。締め付けには六角棒スパナを用います。ボルトやナットの図示は、必要に応じて省略することがあります。

図 2-7-1　ボルトとナット

2-8 軸と歯車を固定する

●キーおよびキー溝

キーは軸を軸継手、歯車、プーリなどの部品と結合したり、分解や組立の際の位置決め用として用いられる機械要素です。キーにはいろいろな種類があります。その主なものを図 2-8-1 に示します。

図 2-8-1 キー[10]

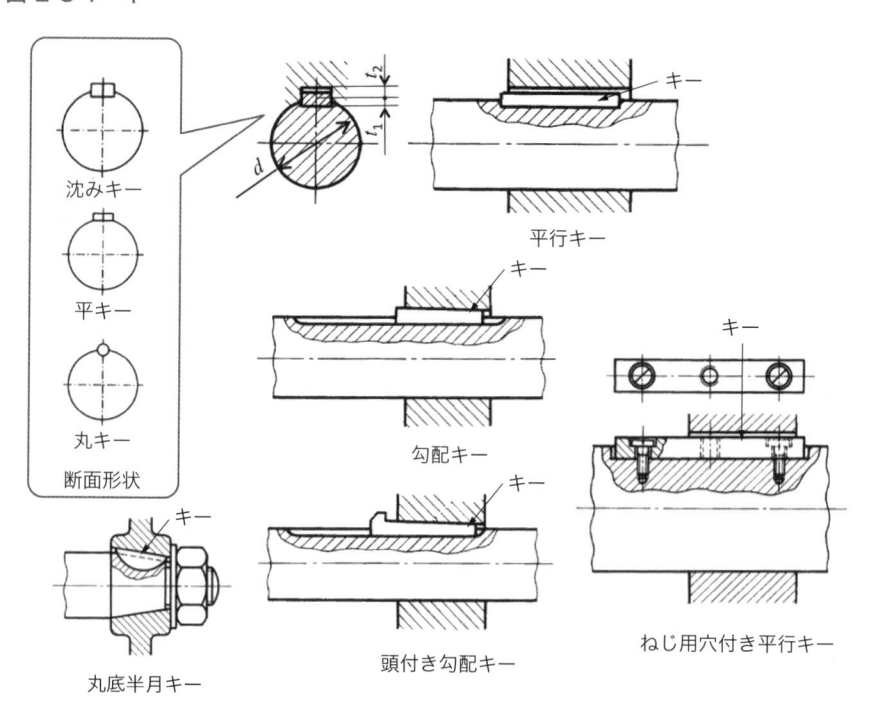

ねじ用穴なし平行キーは、工作が簡単でトルク伝達が確実に行えるため広く使用されています。**ねじ用穴付き平行キー**は、ボスが軸上を移動する場合に用いられます。**こう配キー**は 1/100 の勾配がついていて、ボスと軸を確実に結合する場合に用いられます。**半月キー**は、軸がテーパになっていても

ボスの着脱がしやすい特長があります。

また、ひとつのキーでは強度が不足する場合、図2-8-2に示すような数本の溝を持つスプラインやセレーションが用いられます。**キー溝**とは、これらのキーが設置できる溝のことで、キーとキー溝に関してJIS B 1301に規定されています。スプラインとセレーションに関してはJIS B 0006に規定されています。

図2-8-2　スプラインとセレーション[11]

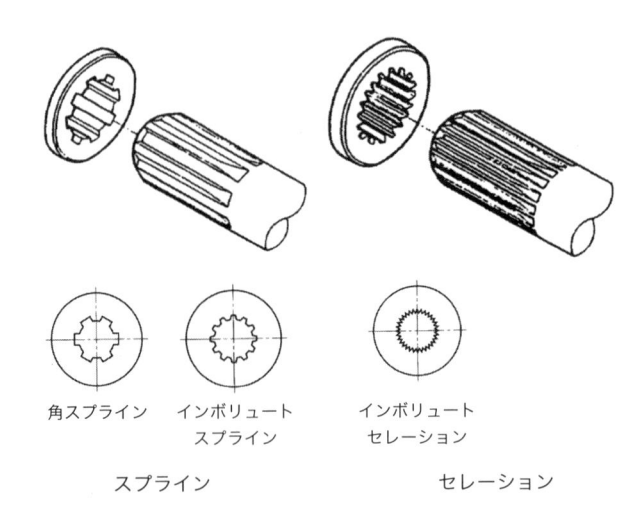

```
角スプライン    インボリュート      インボリュート
                スプライン          セレーション
         スプライン              セレーション
```

キー溝を図示する場合は、図2-8-1のようにキーが上側になるように描きます。キー溝の深さ寸法は計測を考慮して、軸では$d-t_1$、穴では$d+t_2$の数値を記入します。

● ピン

ピンも、基本的にはキーと同じで、軸を軸継手、歯車、プーリなどの部品と結合したり、分解や組立の際の位置決め用として用いられます。キーに比べて、負荷が小さい部品の結合、結合の補助やゆるみ止めとして使用されます。大きな負荷が加わったときに、ピン自身が破断して、軸を守る安全装置としての役割で用いることもあります。ピンには、平行ピン、テーパピン、割ピンなどがあり、図2-8-3のように図示されます。

図 2-8-3　ピンの図示例

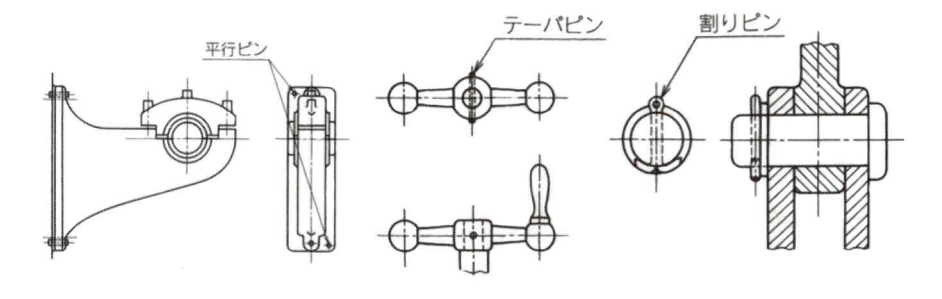

> ⚠️ **ナットが高くなるとねじはゆるまない？**
>
> 　ねじにおいて、各ねじ山が分担する荷重について考えてみましょう。ねじを締め付けたときにかかる、おねじの軸引張り力は、かみ合った各ねじに均等に分担されず、ねじ山が荷重を支える座面に近いほど大きい荷重を分担しています。
>
> 　ねじ山が分担する荷重は、おおよそ図に示すよう担っていることが知られています。したがって、ボルトの高さを高くしてかみ合ったねじ山の数をあまり多くしても締結に何ら効果はないのです。つまり、ナットの高さを高くしてもある高さ以上ではゆるみ止めの効果は期待できないのです。
>
> **ねじ山が分担する荷重**[2)]

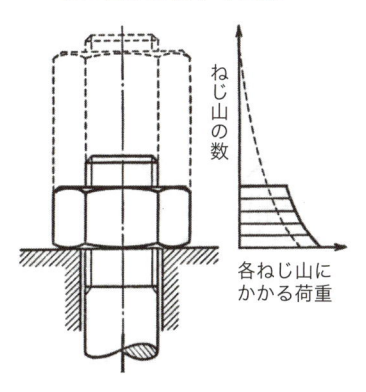

2-9 ねじのゆるみを防ぐ

●座金

座金（ワッシャ）は、用途によっていろいろなものがあります。一般的には、ボルト穴が大きすぎたり、座面が平らでなかったり、傾いたり、締め付ける部分が弱いときなどに使われます。また、**ねじのゆるみ**を防ぐためにもばね座金や歯付き座金などが用いられます（図2-9-1）。

●溝付きナットと割ピン

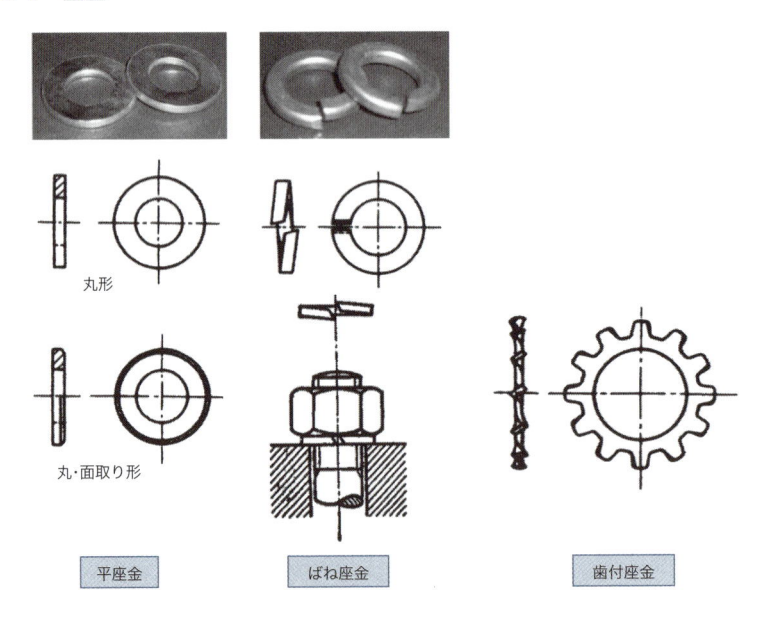

図2-9-2に示すような、溝付きナットと割ピンによる方法があります。

図 2-9-1　座金

丸形

丸・面取り形

平座金　　ばね座金　　歯付座金

図 2-9-2　溝付きナットと割ピン[2]

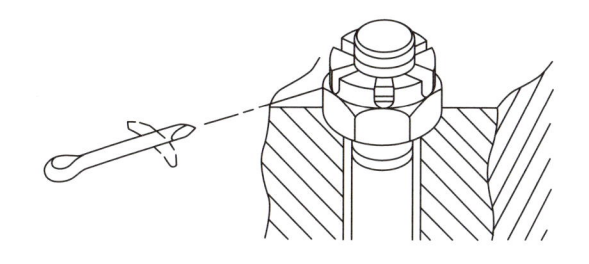

> **!** **ダブルナットの秘密**
>
> 　図のように、ナットを二つ重ねて締結する方法をダブルナットといいます。ダブルナットは、ねじがゆるみにくくなるので、ゆるみを嫌う箇所に用いられます。この方法によって締め付けるには、はじめにロックナット（止めナット）を締め、次に上側のナットを締めます。その後にロックナットを逆に回して少し戻します。すると、二つのナットが押し合い、ねじ面に大きな摩擦力が生じてゆるみにくくなるのです。
>
> 　ここで、ロックナットを少し戻すことを行わなければ、何らゆるみ止めの効果はほとんど期待できません。少し戻すことを忘れないようにしましょう。
>
> **ダブルナット**[2] 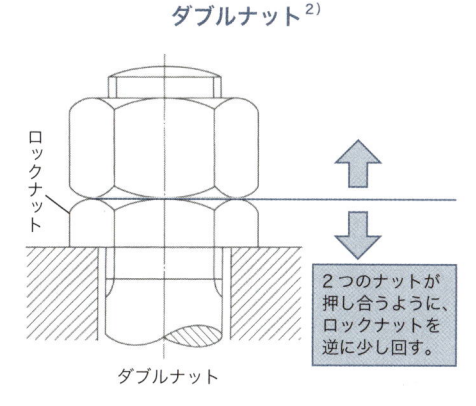
>
> （ロックナット／ダブルナット／2つのナットが押し合うように、ロックナットを逆に少し回す。）

2・図面を構成する要素とその表し方

2-10 寸法の標準化—標準数とは

　機械要素部品が破損してしまった場合、すぐに交換部品が手に入れば便利です。しかし、メーカによって微妙に寸法が違っていたり、機能が異なっていると修理に苦労します。寸法の数値を標準化しておけば、このようなときにも簡単に対応することができます。この標準化した数値の数列が表2-10-1に示す**標準数**です。機械要素部品の寸法値はできるだけ標準数から定めるようにします。

　第5章で説明する算術平均粗さも標準数列から決定します。軸の直径などの寸法は、材料調達の観点から、標準数列から決定します。しかし、技術戦略上、他社が寸法値を判別できないように標準数列の数値を使わない場合もあります。

表 2-10-1　標準数列[1,2]

基本数列の標準数				特別数列の標準数	基本数列の標準数				特別数列の標準数
R5	R10	R20	R40	R80	R5	R10	R20	R40	R80
1.00	1.00	1.00	1.00	1.00	4.00	4.00	4.00	4.00	4.00
				1.03					4.12
			1.06	1.06				4.25	4.25
				1.09					4.37
		1.12	1.12	1.12				4.50	4.50
				1.15					4.62
			1.18	1.18				4.75	4.75
				1.22					4.87
	1.25	1.25	1.25	1.25		5.00	5.00	5.00	5.00
				1.28					5.15
			1.32	1.32				5.30	5.30
				1.36					5.45
		1.40	1.40	1.40			5.60	5.60	5.60
				1.45					5.80
			1.50	1.50				6.00	6.00
				1.55					6.15
1.60	1.60	1.60	1.60	1.60	6.30	6.30	6.30	6.30	6.30
				1.65					6.50
			1.70	1.70				6.70	6.70

第3章

製図記号の使い方

　図面には、多くの記号が用いられています。これらの記号は、図面を見やすくし、簡潔かつ適格に設計意図を伝えることに役立っています。したがって、これらの記号の意味を理解し、正しい表記方法を理解しておくことは、効率よく正確に設計意図を受け取ったり伝えたりするうえで大切です。本章では、機械製図に用いられる製図記号のうち、基本的な記号の使い方を取り上げます。

3-1 製図記号とは

●製図に用いられる記号

　図面には、多くの**製図記号**が用いられています。製図記号には、寸法補助記号、穴・軸の公差域の記号（はめあい記号）、幾何特性に用いる記号、付加記号、加工方法記号、材料記号、表面性状の図式記号などです。
　図3-1-1、図3-1-2に図面に用いられる製図記号の例を示します。

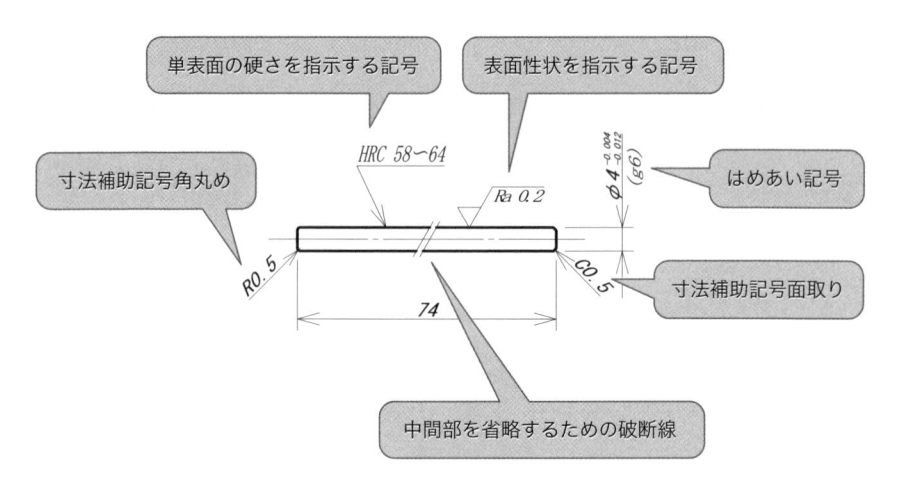

図3-1-1　製図記号の例（その1）

- 単表面の硬さを指示する記号：HRC 58～64
- 表面性状を指示する記号：Ra 0.2
- はめあい記号：φ4 −0.004/−0.012 (g6)
- 寸法補助記号角丸め：R0.5
- 寸法補助記号面取り：C0.5
- 中間部を省略するための破断線
- 74

図 3-1-2　製図記号の例（その 2）

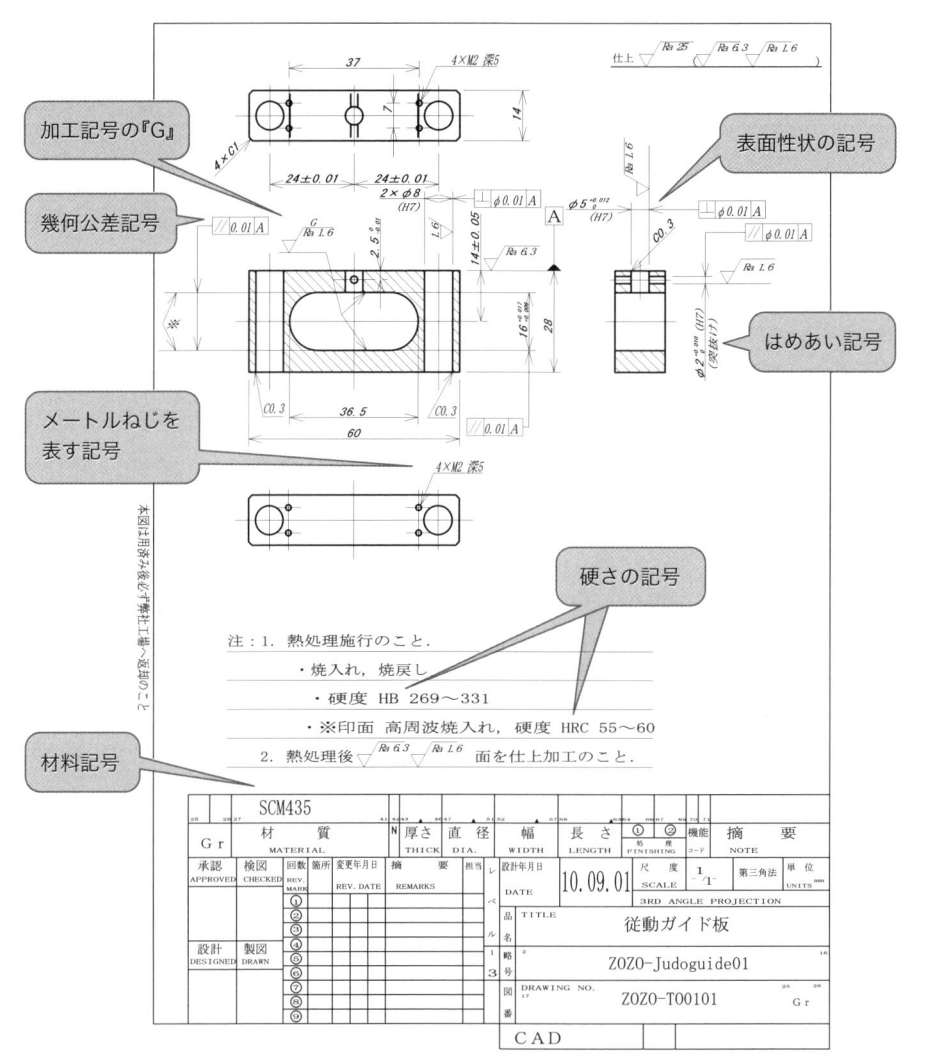

3-2 寸法補助記号の表し方

製図に用いられる記号には、このほかにも溶接記号や各種加工における公差記号などがあります。

●円筒形・直方体

図 3-2-1 に示す図面には**寸法補助記号**「φ」が表記されています。したがって、この部品が円筒形であることを容易に推測できます。もしも、図 3-2-2 に示すように、寸法補助記号「□」が表記されていたなら、この部品は円筒形ではなく、直方体であることが推測できます。

図 3-2-1 「φ」のある図面

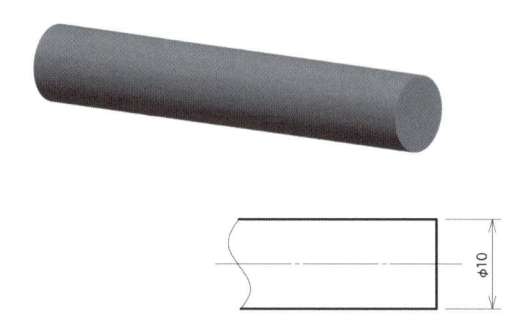

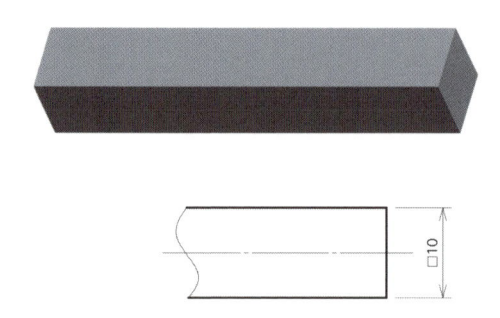

図 3-2-2 「□」のある図面

では、図 3-2-3 に示す形状はどのような形になっているでしょうか。容易に推測することができると思います。寸法補助記号は、実際の立体形状を理解するために有効な手助けになります。主な寸法補助記号は表 1-6-1 に示しました。

図 3-2-3 「φ」「□」のある図面

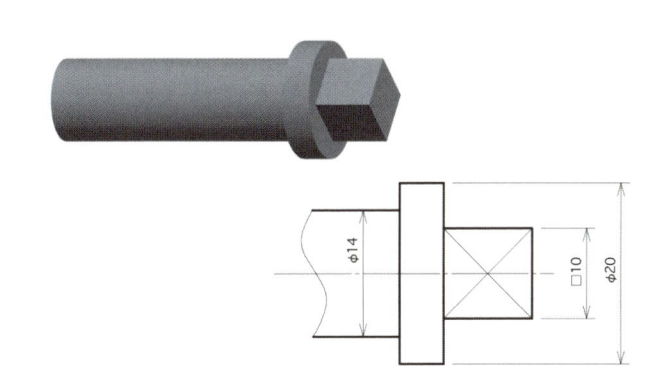

●面取りおよび丸み

　寸法補助記号「C」「R」について図 3-2-4 に示しました。この記号は、切削加工品の面取りおよび丸みを指示するものです。このように、かどを斜めに削り取ることを**面取り**といいます。

図 3-2-4 「C」「R」の表記

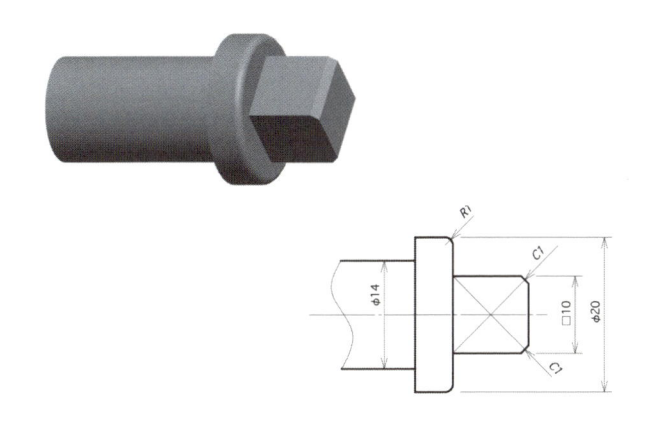

●面取り・丸みの寸法記入

　一般の面取り寸法は図3-2-5に示すように記入します。45°の面取りの場合は、面取り寸法値×45°と表記するか、45°の面取りを示す寸法補助記号「C」を寸法値の前に寸法値と同じ大きさで表記します。「R」に関しては、図3-2-6に示すように、丸みをつけるかど部に、寸法補助記号「R」を寸法値の前に寸法値と同じ大きさで表記します。

図 3-2-5　面取りの寸法記入例

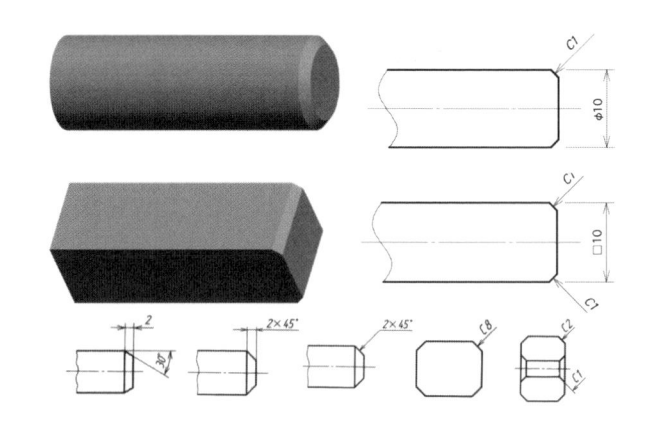

図 3-2-6　丸みの寸法記入例

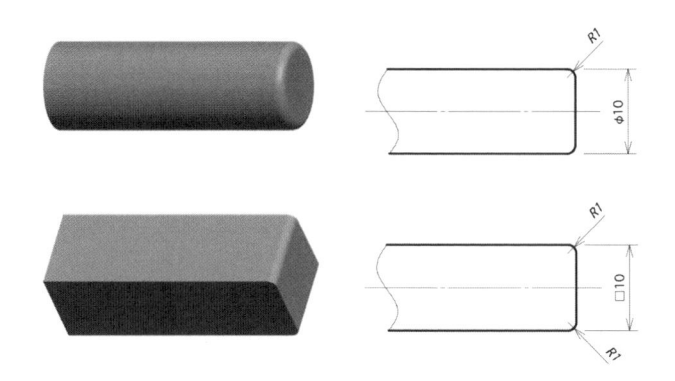

また、面取りおよび丸みの値は表 3-2-1 の値から用いるようにします。

表 3-2-1　面取り C および丸み R の値[13]

0.1	1.0	10
–	1.2	12
–	1.6	16
0.2	2.0	20
–	2.5 (2.4)	25
0.3	3 (3.2)	32
0.4	4	40
0.5	5	50
0.6	6	–
0.8	8	–

備考　括弧内の数値は、切削工具チップを用いて隅の丸みを加工する場合にだけ使用してもよい。

> ## ❗ CAD のメリット（1）機械的作業の効率化
>
> 　CAD は、製図作業や種々の計算などの効率化を図ることができ、また人為的ミスを軽減することができます。例えば、寸法を入れたい箇所を指示するだけで自動的に寸法が表記でき、交点、接線、接点、面積などの幾何学的な計算を自動的に行って、その結果を表示できるのが一般的です。豊富な作図機能と編集機能があり、前述の面取りや丸みの付与、修正、寸法記入も何度でも簡単に行えます。
>
> 　また、定常的に行う設計における繰り返し作業や単純作業を自動化するような機能を持つ CAD もあります。寸法をパラメタ化した標準形状を呼び出して、具体的な寸法値を入力することで新規図面を起こしていく編集設計や、あらかじめ標準化して CAD に登録してある部品を呼び出して配置していくことにより新規図面を起こしていく配置設計を行うことによりさらに手描き図面の作成よりも作業効率が向上することができます。

3-3 機械材料の種類と記号

●鉄鋼材料

　近年、機械製品に用いられる材料に新素材と呼ばれる材料が注目を集めていますが、工業製品に最も多く用いられている材料が金属材料です。金属材料は、素材製造から機械部品を経て、最終的に製品に加工されますが、その組成は様々でそれぞれ用途に応じて使用されています。

　鉄鋼材料は、図3-3-1に示すように、主成分の鉄に、鉄鉱石や製鋼過程で混入する5元素（炭素（C）、けい素（Si）、マンガン（Mn）、りん（P）、硫黄（S））が含まれたものです。5元素の中でも炭素は特に重要な元素で、鉄鉱石の硬さやじん性に大きな影響を与えます。

図 3-3-1　鉄鋼材料

鉄鋼材料とは、主成分の鉄に、鉄鉱石や製鋼過程で混入する5元素が含まれたもの。

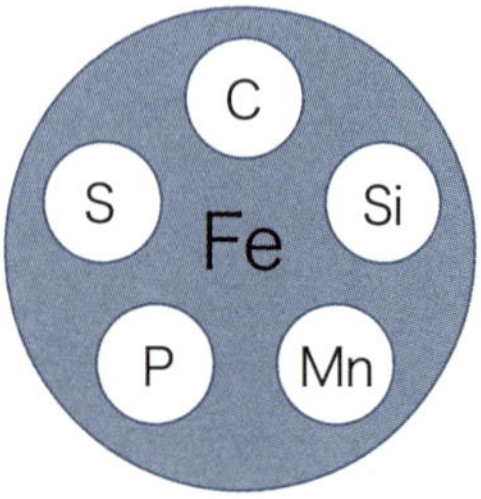

炭素量
- 0.006%以下：純鉄（α-Fe） ┐
- ～2%：鋼（はがね）   ┘ 鉄鋼材料
- 2%を超えるもの：鋳鉄

5元素
- 炭素（C）0.04～1.5%
- けい素（Si）0.1～0.4%
- マンガン（Mn）0.4～1.0%
- りん（P）0.04%以下
- 硫黄（S）0.04%以下

5元素の他に耐摩耗性、じん性、耐食性、耐熱性を向上させるために、その目的に応じてクロム（Cr）、モリブデン（Mo）、タングステン（W）、バナジウム（V）、ニッケル（Ni）、コバルト（Co）、ボロン（B）、チタン（Ti）などの合金元素を添加した鋼種もある。

炭素（C）の含有量が、鉄鋼材料を分類する基本となっています。例えば、炭素が0.006%以下のものは**純鉄**（α.Fe）、0.006%を超えるものは**鋼**（はがね）と一般的に呼ばれています。鉄鋼材料のほとんどは鋼であり、炭素量は最大でも2%程度です。炭素量2%を超えるものは**鋳鉄**として用いられます。

鋼における5元素の含有量は特殊な場合を除きほぼ決まっています。Cは0.04〜1.5%、Siは0.1〜0.4%、Mnは0.4〜1.0%、Pは0.04%以下、Sは0.04%以下です。SiやMnは鋼中の有害物質の除去を目的に製鋼時に添加され、有益元素として別途添加されることもあります。

りん（P）および硫黄（S）は鉄鋼材料に対しては有害元素であるため含有量はできるだけ少ないほうがよいです。Pは製鋼材料の遅れ破壊を誘発したり、低温で使用する際にもろくする性質（低温ぜい性）があります。Sは高温で使用する際にもろくする性質（高温ぜい性）があります。

ただし、硫黄は鉄鋼材料の被削性（切削加工の容易さ）を向上させる働きがあるため、0.3%まで添加した快削鋼も用途に応じて用いられています。5元素の他に、耐摩耗性、じん性、耐食性、耐熱性を向上させるために、その目的に応じてクロム（Cr）、モリブデン（Mo）、タングステン（W）、バナジウム（V）、ニッケル（Ni）、コバルト（Co）、ボロン（B）、チタン（Ti）などの合金元素を添加した鋼種もあります。

表3-3-1にJISで規格化されている主な鉄鋼材料の分類とその記号、用途を示します。

●非鉄金属材料（アルミニウム、銅など）

機械材料は、鉄鋼材料に限らず用途に応じて、さまざまな材料が用いられています。機械材料を大まかに分類すると図3-3-2のようになります。金属材料は、鉄鋼材料の他に非鉄金属材料があり、鉄とは異なる機械的、材料的特性を有しています。

図3-3-3にアルミニウム合金の分類と記号およびその用途を示します。また、表3-3-2に、アルミニウムおよびアルミニウム合金（展伸材）の分類と記号、主な用途を示します。**展伸材**とは、圧延加工した板や条、展伸加工した棒や線をいいます。

表 3-3-1　主な鉄鋼材料の分類と記号および用途

分類		JIS		主な用途
		番号	鋼種記号	
圧延鋼材	一般構造用圧延鋼材	G 3101	SS	橋、船舶、車両、その他構造物
	溶接構造用圧延鋼材	G 3106	SM	SSと同様で溶接性重視のもの
	建築構造用圧延鋼材	G 3136	SN	建築構造物
圧延鋼板・鋼帯	冷間圧延鋼板・鋼帯	G 3141	SPC	各種機械部品、自動車車体
	熱間圧延軟鋼板・鋼帯	G 3131	SPH	建築物、各種構造物
線材	ピアノ線材	G 3502	SWRS	より線、ワイヤロープ
	軟鋼線材	G 3505	SWRM	鉄線、亜鉛めっきより線
	硬鋼線材	G 3506	SWRH	亜鉛めっきより線、ワイヤロープ
	冷間圧造炭素鋼線材	G 3507	SWRCH	ボルトや機械部品など冷間圧造品
	冷間圧造ボロン鋼線材	G 3508	SWRCHB	ボルトや機械部品など冷間圧造品
機械構造用鋼	機械構造用炭素鋼	G 4051	S- -C	一般的な機械構造用部品
	クロムモリブデン鋼	G 4105	SCM	高強度を重視した機械構造用部品
	ニッケルクロム鋼	G 4102	SNC	高靭性を重視した機械構造用部品
	ニッケルクロムモリブデン鋼	G 4103	SNCM	高強度・高靭性を重視した機械構造用部品
工具鋼	炭素工具鋼	G 4401	SK	プレス型、刃物、刻印
	高速度工具鋼	G 4403	SKM	切削工具、刃物、冷間鍛造型
	合金工具鋼	G 4404	SKS	切削工具、たがね、プレス型
			SKD	冷間鍛造型、プレス型、ダイカスト型
			SKT	熱間鍛造型、プレス型
特殊用途鋼	ステンレス鋼	G 4303	SUS	耐食性を重視した各種部品、刃物
	耐熱鋼	G 4311	SUH	耐食・耐熱性を重視した各種部品
	ばね鋼	G 4801	SUP	各種コイルばね、重ね板ばね
	軸受鋼	G 4805	SUJ	転がり軸受
	快削鋼	G 4804	SUM	加工精度を重視した各種部品

図 3-3-2　機械材料の分類

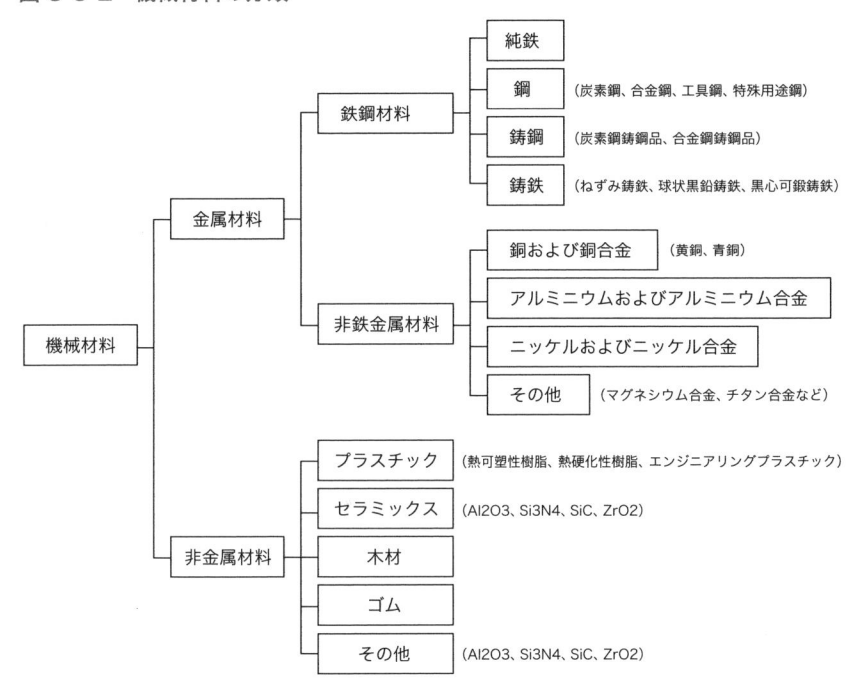

```
機械材料 ─┬─ 金属材料 ─┬─ 鉄鋼材料 ─┬─ 純鉄
         │           │           ├─ 鋼　（炭素鋼、合金鋼、工具鋼、特殊用途鋼）
         │           │           ├─ 鋳鋼（炭素鋼鋳鋼品、合金鋼鋳鋼品）
         │           │           └─ 鋳鉄（ねずみ鋳鉄、球状黒鉛鋳鉄、黒心可鍛鋳鉄）
         │           │
         │           └─ 非鉄金属材料 ─┬─ 銅および銅合金　（黄銅、青銅）
         │                          ├─ アルミニウムおよびアルミニウム合金
         │                          ├─ ニッケルおよびニッケル合金
         │                          └─ その他　（マグネシウム合金、チタン合金など）
         │
         └─ 非金属材料 ─┬─ プラスチック（熱可塑性樹脂、熱硬化性樹脂、エンジニアリングプラスチック）
                       ├─ セラミックス（Al2O3、Si3N4、SiC、ZrO2）
                       ├─ 木材
                       ├─ ゴム
                       └─ その他（Al2O3、Si3N4、SiC、ZrO2）
```

図 3-3-3　アルミニウム合金の分類

アルミニウム合金鋳物

Al-Cu-Si 系（AC2A）：マニホールド、ポンプボディー、シリンダヘッド、自動車用足回り部品など。
Al-Si 系（AC3A）：ケース類、カバー類、ハウジング類などの薄肉もの。
Al-Si-Mg 系（AC4A）：ブレーキドラム、クランクケース、ギヤボックス船舶用・車載用エンジン部品など。
　　　　　　　　　　　自動車ホイールもコレの高純度品。
Al-Mg 系（AC7A）：航空機・船舶用部品、架線金具など。
Al-Si-Cu-Ni-Mg 系（AC8A）：自動車用ピストン、プーリ、軸受など。

アルミニウム合金ダイカスト　　一部を除いて大量の Si が添加されている。

Al-Si-Cu 系（ADC12）　　生産性が高く、機械的性質も優れている。自動車用ミッションケース、
　　　　　　　　　　　　産業機械用部品、光学部品、家庭用器具など、広範囲で使用されている。

表 3-3-2　アルミニウムおよびアルミニウム合金（展伸材）の分類

合金番号	合金系	主な用途
1000系	純 Al 系	装飾品、ネームプレート、印刷版、各種容器、照明器具
2000系	Al-Cu-Mg 系	航空機用材、各種構造材、航空宇宙機器、機械部品
3000系	Al-Mn-(Mg) 系	一般用器物、建築用材、飲食缶、電球口金、各種容器
5000系	Al-Mg 系	建築外装、車両用材、船舶用材、自動車用ホイール
6000系	Al-Mg-Si 系	船舶用材、車両用材、クレーン、建築用材、陸上構造物
7000系	Al-Zn-Mg-(Cu) 系	航空機用材、車両用材、陸上構造物、スポーツ用品
8000系	Al-Fe 系	アルミニウムはく地、装飾用、電気通信用、包装用

　表 3-3-3 に銅および銅合金の分類と記号、用途、表 3-3-4 に銅および銅合金の展伸材の分類と記号、用途を示します。

表 3-3-3　銅および銅合金の分類

合金番号	合金の種類	合金系	主な用途
CAC100系	銅鋳物	純 Cu 系	羽口、電気用ターミナル、一般電気部品など
CAC200系	黄銅鋳物	Cu-Zn 系	電気部品、一般機械部品、給排水金具など
CAC300系	高力黄銅鋳物	Cu-Zn-Mn-Fe-Al 系	船舶用プロペラ、軸受、軸受保持器など
CAC400系	青銅鋳物	Cu-Sn-Zn-(Pb) 系	軸受、ポンプ部品、バルブ、羽根車など
CAC500系	りん青銅鋳物	Cu-Sn-P 系	歯車、スリーブ、油圧シリンダなど
CAC600系	鉛青銅鋳物	Cu-Sn-Pb 系	シリンダ、バルブ、車両用軸受など
CAC700系	アルミニウム青銅鋳物	Cu-Al-Fe-Ni-Mn 系	船舶用プロペラ、軸受、バルブシートなど
CAC800系	シルジン青銅鋳物	Cu-Si-Zn 系	船舶用ぎ装品、軸受、歯車、水力機械部品など

表 3-3-4　銅および銅合金（展伸材）の分類

合金番号		合金の名称	合金系	主な用途
C1020	純銅	無酸素銅	純 Cu 系	電気用、化学工業用
C1100	純銅	タフピッチ銅		電気用、建築用、化学工業用、ガスケットなど
C12‥	純銅	りん脱酸銅		風呂釜、湯沸器、ガスケット、建築用、化学工業用
C2100〜C2400	青銅	丹銅	Cu-Zn 系	建築用、装身具、化粧品ケース
C26‥〜C28‥	青銅	黄銅		端子コネクター、配線器具、深絞り用、計器板
C35‥〜C37‥	青銅	快削黄銅	Cu-Zn-Pb 系	時計部品、歯車
C4250	青銅	すず入り黄銅	Cu-Zn-Sn-P 系	スイッチ、リレー、コネクター、各種ばね部品
C4430	青銅	アドミラルティ黄銅	Cu-Zn-Sn 系	熱交換器、ガス配管用溶接管
C46‥	青銅	ネパール黄銅		熱交換器用管板、船舶海水取入口用
C61‥〜C63‥	青銅	アルミニウム青銅	Cu-Al-Fe-Ni-Mg 系	機械部品、化学工業用、船舶用
C70‥、C71‥	青銅	白銅	Cu-Ni-Fe-Mn 系	熱交換器用管板、溶接管

● ステンレス鋼

ステンレス鋼は、ニッケルおよびクロムとの合金です。一般に、耐食性に優れていて、バルブ、化学工業用容器、ポンプ製品、食品工業部品、ロールなどに用いられます。

ステンレス鋼はその組成で 26 種類に分けられますが、主なものとして、マルテンサイト系（13Cr 鋼）とオーステナイト系（18Cr–8Ni 鋼）に分類されます。種類によっては、必要に応じて析出固溶化処理といわれる表面硬化処理を行います。他にも、亜鉛合金、マグネシウム合金、チタン、すず、ニッケル、鉛などの金属が材料として用いられています。

● プラスチック材料（包装材料、菓子袋など）

高分子の成型品を一般に**プラスチック**と呼んでいます。プラスチックという言葉は高分子材料の別名としても使用されています。ただし、高分子材料であっても、繊維とゴムはその用途の形態、性質の特殊性からプラスチックと区別されて呼ばれています。

高分子材料は、新素材といわれる材料分類の一角を占めており、その種類は、用途に応じて様々なものがあります。高分子材料を成形するのには 2 つの方法があり、その違いから、熱可塑性プラスチック、熱硬化性プラスチックがあります。菓子袋は、包装材料などに用いられることがある PP（ポリプロピレン）、や PE（ポリエチレン）で作られています。またペットボトルに代表される PET（ポリエチレンテレフタラート）も広く用いられています。

ポリプロピレンは、軽い、耐熱性、耐薬品性、透明性、安価、安全、衛生的、リサイクル性が高いといった特長があり、全プラスチック製品の 20% 以上を占めています。幅広く使われている材料は、図面を描く際にたびたび出てくる可能性が高いので、必要な知識として知っておきたいです。

また、ポリエチレンは、密度の違いにより低密度ポリエチレン（LDPE）と高密度ポリエチレン（HDPE）があります。用途としては、フィルムや台所用ラップなどが多くを占めており、他にも射出成形部品や中空成形部品、被膜やテープなどがあります。

3・製図記号の使い方

3-4 材料記号の表し方

●図面に材料を指定する

図面に材料を指定する場合、一般に、JIS で定められた材料記号を用いて表記します。**材料記号**は、例えば「SS400」や「A5154P」といった、アルファベットと数字で構成されています。それぞれの文字が表している内容は材料によって若干違っています。

多くの金属材料、伸銅品、アルミニウム展伸材の材料記号の構成を、図3-4-1、図 3-4-2、図 3-4-3 にそれぞれ示します。これらの材料記号は、必要に応じて、図中の要目欄などに記入するようにします。

図 3-4-1　多くの金属材料の材料記号

[例1]

SS400
- ①鋼
- ②一般構造用圧延鋼材
- ③引張強さ 400～510MPa

[例2]

HBsC1
- ①高力黄銅
- ②鋳造品
- ③1種

①	材質を表す文字記号（表 3-4-1 参照）。
②	規格名または製品名を表す文字記号、板、管、棒、線などの製品の形状種類や用途を表した記号を組み合わせる（表 3-4-2 参照）。
③	材料の種類を表す。材料の種類番号の数字、最低引張強さ、耐力などを用いる。末尾にハイフンをつけて硬軟、熱処理状況、形状、製造方法を記号で示すこともある（表 3-4-3、表 3-4-4 参照）。

図 3-4-2　伸銅品の材料記号の例

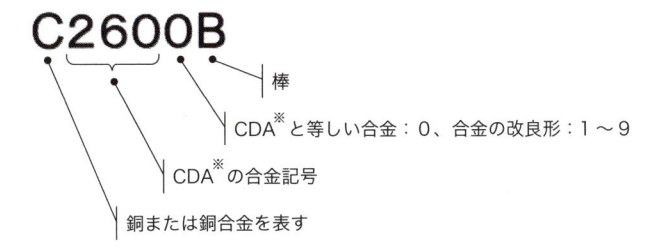

C2600B

- 棒
- CDA※と等しい合金：0、合金の改良形：1～9
- CDA※の合金記号
- 銅または銅合金を表す

CAD※の合金記号

左の桁は合金の系列を表す。上記例の2はCu-Zn系合金。

- 1：Cu・高Cu系合金
- 2：Cu-Zn系合金
- 3：Cu-Zn-Pb系合金
- 4：Cu-Zn-Sn系合金
- 5：Cu-Sn系合金・Cu-Sn-Pb系合金
- 6：Cu-Al系合金・Cu-Si系合金・特殊Cu-Zn系合金
- 7：Cu-Ni系合金・Cu-Ni-Zn系合金

図 3-4-3　アルミニウム展伸材の材料記号の例

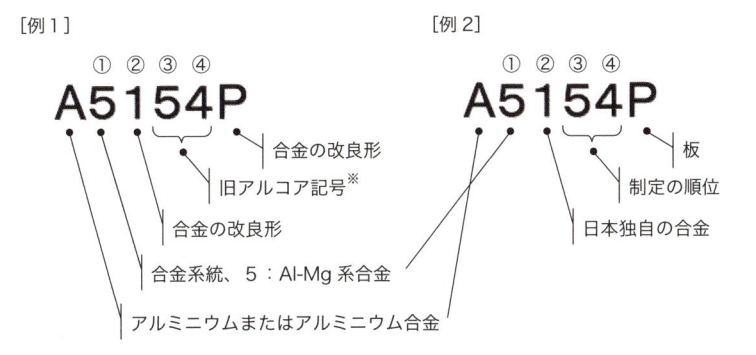

[例1]　① ② ③ ④　**A5154P**

- 合金の改良形
- 旧アルコア記号※
- 合金の改良形
- 合金系統、5：Al-Mg系合金
- アルミニウムまたはアルミニウム合金

[例2]　① ② ③ ④　**A5154P**

- 板
- 制定の順位
- 日本独自の合金

①合金系統
- 1：アルミニウム純度99.00％またはそれ以上の純アルミニウム
- 2：Al-Cu-Mg系合金
- 3：Al-Mn系合金
- 4：Al-Si系合金
- 5：Al-Mg系合金
- 6：Al-Mg-Si系合金
- 7：Al-Zn-Mg系合金
- 8：上記以外の系統の合金
- 9：予備

②0：基本合金、1～9：合金の改良系、N：日本独自の合金

③④純アルミニウムの純度小数点以下2桁、合金に関しては旧アルコア※の呼び方を原則つける。
　　日本独自の合金については合金系統別に制定順に1～99までの番号をつける。

表 3-4-1 材質を表す記号の例

記号	材質	備考
F	鉄	Ferrum
S	鋼	Steel
A	アルミニウム	Aluminum
B	青銅	Bronze
C	銅	Copper
HBs	高力黄銅	High Strength Brass
PB	りん青銅	Phosphor Bronze

表 3-4-2 規格名または製品名を表す記号の例

記号	規格または製品名	備考	記号	規格または製品名	備考
B	棒またはボイラ	BarまたはBoiler	PH	冷間圧延鋼板	Hot Rolled Plate
C	鋳造品	Casting	S	一般構造用延材	Structural
CMB	黒心可鍛鋳鉄品	malleable Casting Black	T	管	Tube
CMW	白心可鍛鋳鉄品	malleable Casting White	TK	構造用炭素鋼鋼管	(ローマ字)
CM	クロムモリブデン鋼	Chromium Molybdenum	TKM	機械構造用炭素鋼鋼管	(ローマ字)
Cr	クロム鋼	Chromium	TPG	圧力配管用炭素鋼鋼管	Piping Tube
F	鍛造品	Forging	U	特殊用途鋼	Special Use
GP	配管用ガス管	Gas Pipe	UJ	軸受鋼	(ローマ字)
KP	合金工具鋼	Special	UP	ばね鋼	Spring
KD	合金用工具鋼 (ダイス鋼)	(ローマ字)	US	ステンレス鋼	Stainless
			V	リベット用圧延材	Rivet
M	中炭素、耐候性鋼	Medium Carbon Marine	W	線	Wire
NC	ニッケルクロム鋼	Nickel Chromium	WP	ピアノ線	Piano Wire
NCM	ニッケルクロムモリブデン鋼	Nickel Chromium Molybdenum	WRM	軟鋼線材	Mild Wire Rod
			WRH	硬鋼線材	Hard Wire Rod
P	板	Plate	WRS	ピアノ線材	Spring Rod
PC	冷間圧延鋼板	Cold Rolled Plate			

表 3-4-3　材料の種類を表す記号の例

記号	意味
1	1種
2S	2種特殊扱い
A	A種
3A	3種A
330A	引張強さ (MPa)
10C	炭素含有量

表 3-4-4　材料記号の末尾に加える記号の例

記号	意味
-O	軟質
-1/2H	半硬質
-H	硬質
-EH	特硬質
-F	製出のまま
-D	引抜き

> **❗ 材料選定の悩ましさ**
>
> 　材料選定は何を基準に選定すればよいのでしょうか。例えば、滑り軸受による軸受材料を選ぶとき、焼き付き防止を考えて、硬い鋳鉄を選ぶのか、それとも一般的な鋼材を選び表面処理を行うか、いくつか選択肢があります。大学の課題演習では、設計の計算上問題なければよいので、製作にかかる工数も時間も、材料の価格も考慮されないことが多いですが、実際はそういうわけにはいきません。一方、表面処理を行えばその分価格が高くなり、製作にかかる時間も長くなりそうです。何個作るのかでコストは変わるのです。また、鋳鉄に精密な溝加工をエンドミルで行おうとすれば、硬い鋳鉄は加工時間がかかり、エンドミルも数個削る度に交換する必要があります。アルミ合金などの柔らかい材料を用いれば良いでしょうか。エンドミルの交換は減るものの、加工精度が出にくかったり、表面処理が必要になったりします。材料選定は、設計者が腕をふるう重要なポイントのひとつなのです。

3-5 参考寸法を記入する

●作業者の手助けとなる配慮

　図面の要求事項ではなく、参考のために表記する寸法を**参考寸法**といいます。参考寸法は、図 3-5-1 に示すように（ ）で示します。参考寸法は、表記した方が作業者の作業効率が良くなると判断されるときに記入するようにします。作業者は、図面の要求事項を満たしているか確認しながら、加工ミスや図面の読み取りミスなどが起きないよう作業を進めていきます。この確認の際に、参考寸法が表記されていれば、作業者の手助けになるでしょう。

　作業者に計算をさせない寸法表記も必要です。これらの表記には JIS 規格に関わらず、最大限作業者に配慮するという観点が必要です。

　作業者が、読み取りにくかったり、作業者に計算させたりするような表記は、製作ミスにつながります。製作ミスにより納期が遅れて困るのは結局自分です。作業者を責めても納期は短縮しないのです。

図 3-5-1　参考寸法が表記された図面

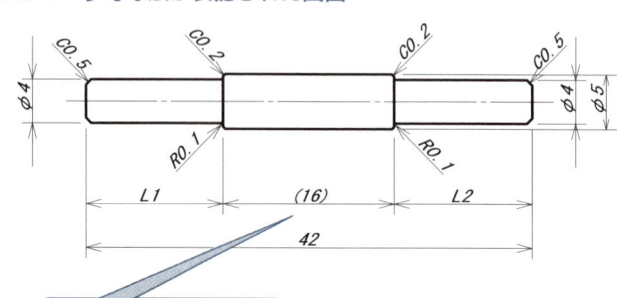

L1 と L2 が決まっているので、必然的にここの寸法は決まる。ここは、参考寸法として括弧付きで記入する。

記号 \ Gr	1	2
L1	13±0.1	12±0.1
L2	13±0.1	14±0.1

文字によって、寸法を定義して表に数値を示しても良い。
こうすることにより、同形状で寸法違いのいくつかの部品を指示できる。

3-6 旧 JIS 規格や JIS 以外の表記

●過去の図面を修正する

　JIS は数年おきに改訂されます。したがって、いつも最新の JIS 規格で表記されているとは限りません。面肌の性状に関する表記が混在している例を図 3-6-1 に示します。この図は、もともと旧 JIS の表記で描かれた図面ですが、必要箇所のみ修正しています。

　このように過去の図面を修正して新しい部品を設計していくことを**流用設計**といいます。近年では、CAD が著しく進歩し、広く普及しているので、過去の設計データを活用した設計図面を作成しやすくなってきました。

図 3-6-1　新旧 JIS 規格が混在する図面

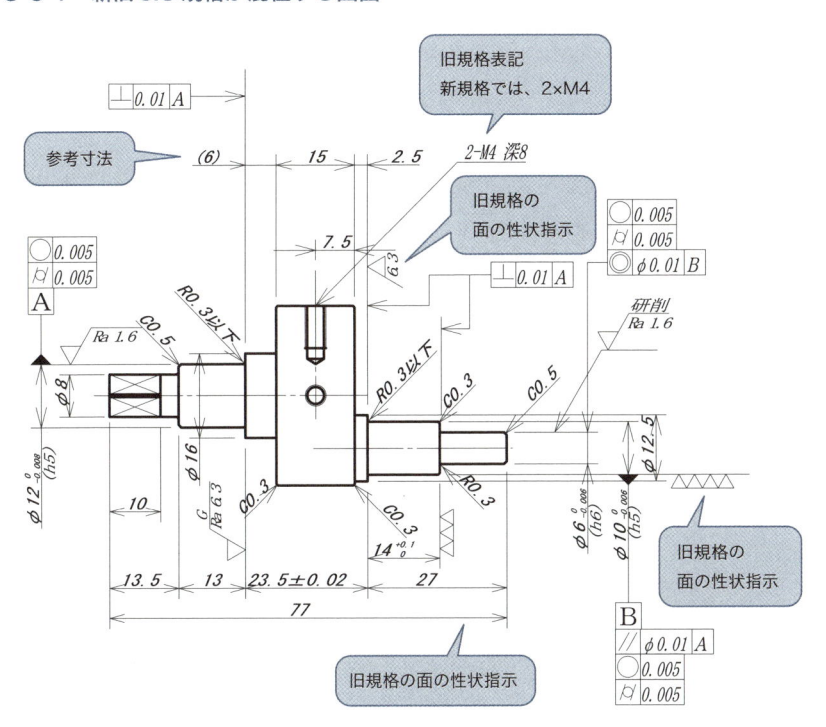

● JIS以外の表記でも…

　前述のように、最新のJIS規格にない表記が混在するケースもあるのです。また、JIS以外の部品を利用することもあります。例えば、ねじにNPTの表記がある場合、JISのメートルねじではありません。ねじ山の角度が微妙に違っており、JISが60°であるのに対して55°となっています。

　ところが、呼び径が大きくなると最初の1山2山はねじが入ってしまいます。硬いねじだと勘違いして、強引に力任せにねじ込んでしまうと大変なことになってしまいます。JIS規格以外の表記に出会っても慌てずに対処しましょう。

●設計の意図を正確に伝える

　製図のルールはJISに拠るものであることはすでに述べましたが、JIS規格自体が数年おきに改訂されています。日進月歩に技術もモノづくりの方法も進化しています。それらを反映して、その時代に最も適した規格にするためにこれらの改訂が行われているのです。

　しかし、設計現場やモノづくりの現場では必ずしも最新のJISに則って作業が進められているとは限りません。とりわけ製図記号に関しては、たびたびの改訂により新旧もしくはさらにそのまた旧の2種類や3種類の表記が混在することもあります。

　図面は最新のJISに拠って描かれていることが望ましいですが、そうでないから「その図面はダメだ」とか、あるいは「描かれているからよい」とかの議論よりも、作業者や図面を見る者に設計の意図を正確に分かりやすく伝えられることが大切なのです。

3-7 いろいろな断面の表し方

●断面を描くポイント

　図面は必要に応じて、断面を描きます。図3-7-1は、断面図と断面以外を一緒に描いている例です。このように描けば、どの部分の断面か明確に分かります。また、部分的に断面を示したいときには、図3-7-2のように破断線を用いて示します。任意の場所の断面を示したいときには、図3-7-3に示すように、切断線を用いて断面の箇所を示します。

　切断線には、矢印を示し、矢印方向からの矢視断面を示します。これらの断面表記により、作業者に所望の形状を明確に理解させるだけでなく、要求形状をより明確に示すことができます。

図 3-7-1　断面と断面以外を一緒に示す

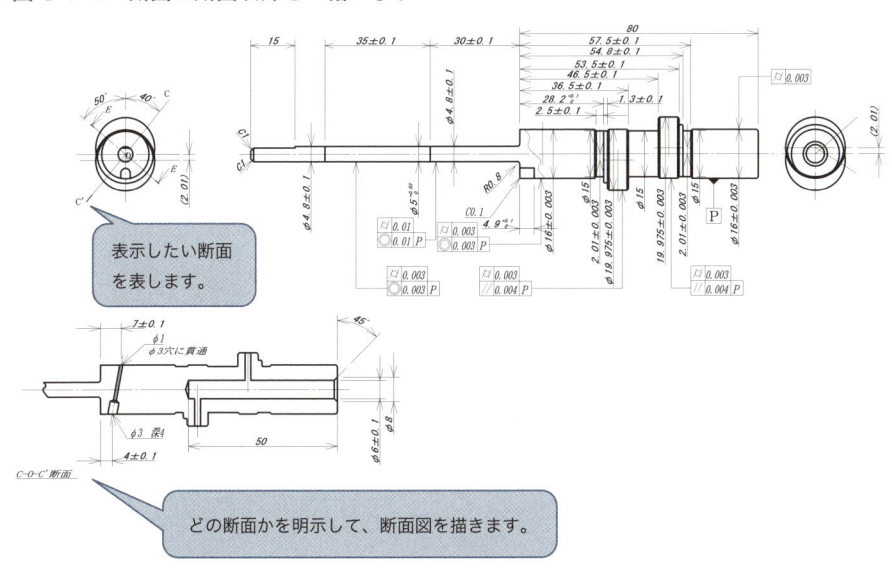

表示したい断面を表します。

どの断面かを明示して、断面図を描きます。

図 3-7-2　部分的に断面を示す

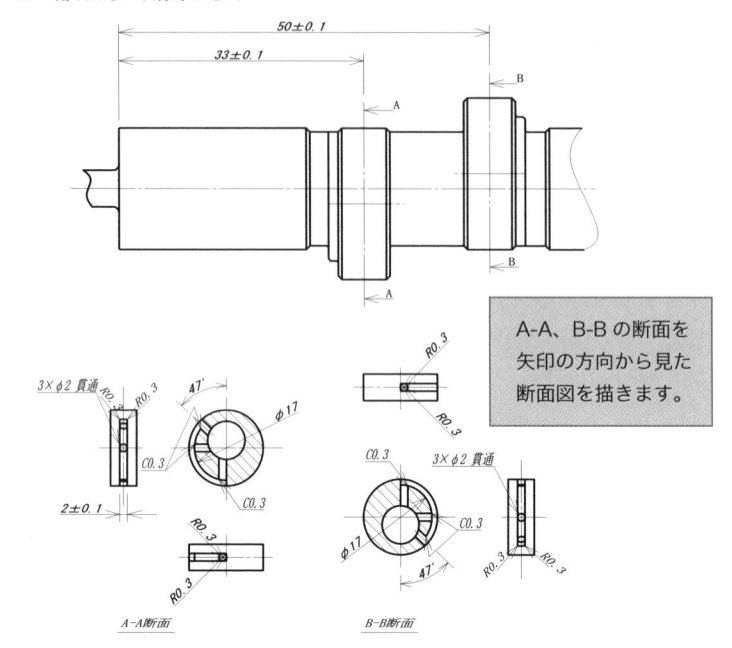

A-A、B-B の断面を矢印の方向から見た断面図を描きます。

A-A断面　　*B-B断面*

図 3-7-3　切断線を用いて断面の箇所を示す

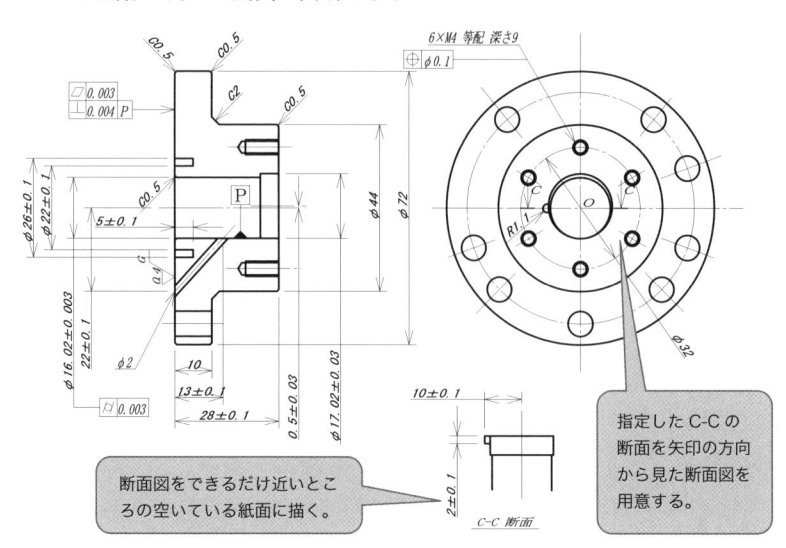

指定した C-C の断面を矢印の方向から見た断面図を用意する。

断面図をできるだけ近いところの空いている紙面に描く。

C-C 断面

同様に、図 3-7-4 に示すように詳細図も必要に応じて表記します。

図 3-7-4　詳細図のある図面

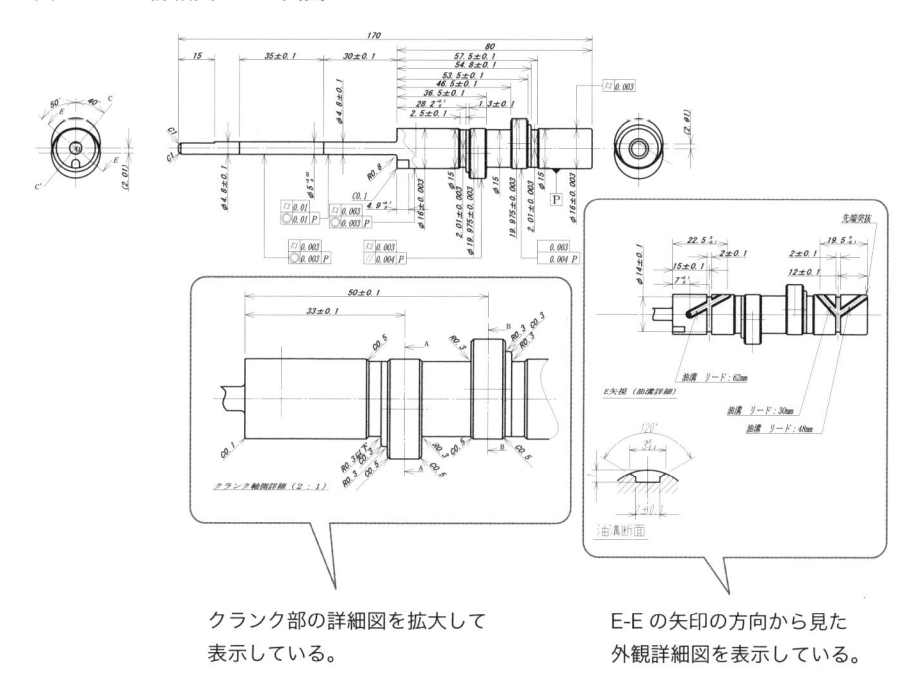

クランク部の詳細図を拡大して
表示している。

E-E の矢印の方向から見た
外観詳細図を表示している。

> **CAD のメリット（2）高い図面品質**
>
> 　図面は、作業者に見やすく、明瞭である必要があります。したがって、品質の高い製図が要求されるのです。高品質の図面を手描きで製図するためには訓練を積んだ熟練者が必要です。しかし、CAD を利用すれば、初心者でも容易に高い図面品質を得ることが可能になります。容易に正確な寸法の図を描くことができ、また手描きのように消した跡が残ることもなく、線の太さや線種の表現、文字の記述などすべてコンピュータで制御されるため、一定の太さと線種で描かれ、仕上がりがきれいになります。さらに、CAD の中には誤った図面が作成されないように、チェック機能を持ったものもあります。

3-8 対象な図形を描く

●対象記号を用いる

　フランジケースなど、中心線を対称とする線対称な形状は案外多いものです。このような場合、図3-8-1に示すように、中心線までの形状を描いて半分を省略することができます。この場合、中心線に対象記号を表記します。中心線を少し越えたところまで図形を描く場合は、対象記号を省略することができます。

　また、このような形状は正面図、平面図、側面図と3面描く必要はありません。明確に形状把握ができる場合は、平面図や側面図を省略することができます。逆に、図3-8-2に示すように右側面図と左側面図で著しく形状が違っている場合は、左右両側面図を描きます。

図 3-8-1　対称な形状の図面

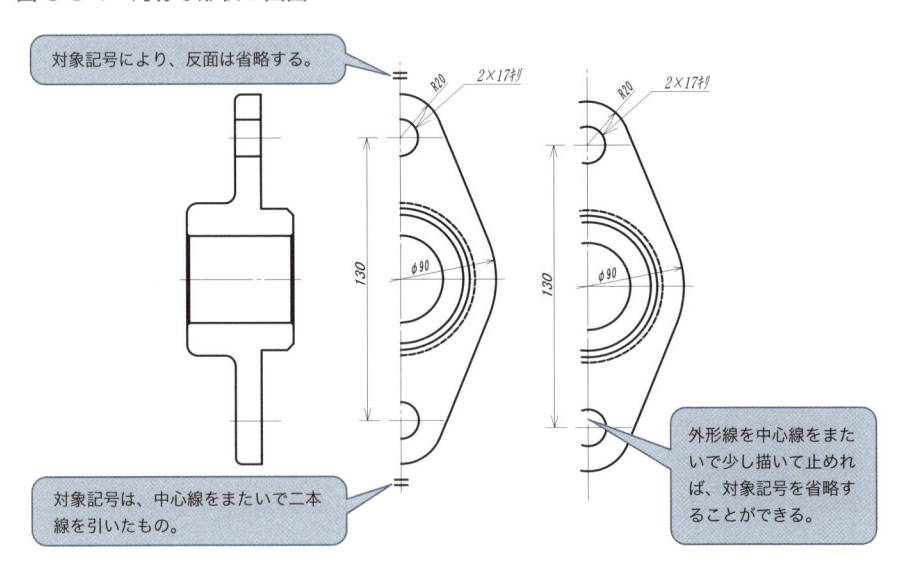

図 3-8-2 左右両側面図のある図面

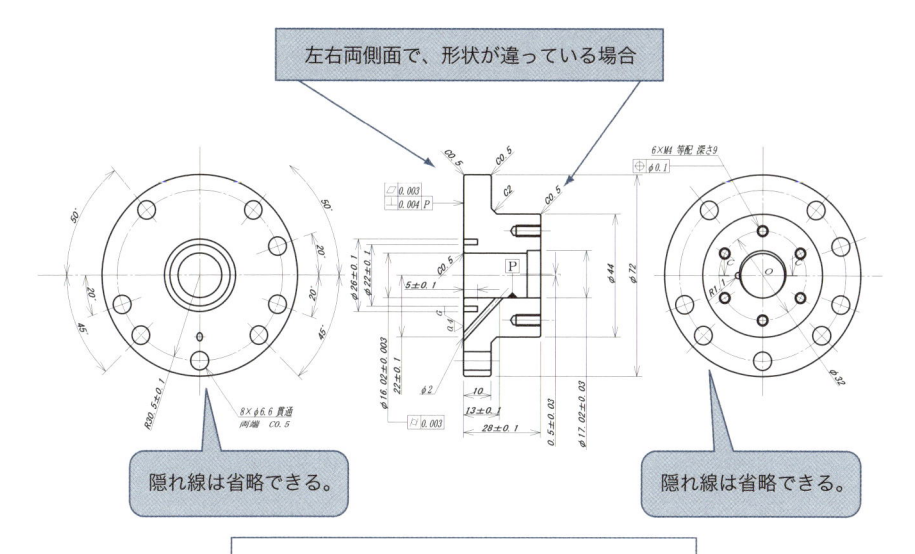

左右両側面で、形状が違っている場合

隠れ線は省略できる。

隠れ線は省略できる。

隠れ線が混み合ったり、寸法線が引けないなどの場合、左右両側面を描いたほうが、分かりやすいことがある。必要に応じて、左右両側面図を描きましょう。

❗ CADのメリット（3）設計変更や修正の効率化

　CADは、図面を電子媒体に保存することによって、効率よくデータを管理することができます。したがって、設計に変更が生じた際に最初から製図を行うのではなく、あらかじめ保存されている既存図面の一部に変更を加えたり、修正したりして容易に図面を作成することができるのです。また、応用設計、流用設計、改造設計も効率良くできます。さらに、CADによって対象物が数値データ化されるので、製造物の特性、性能、構造などの各種解析を行うCAE（Computer Aided Engineering）にデータを流用して設計の検討や変更を効率的に行うことができます。また、CG（Computer Graphics：コンピュータグラフィックス）を使い、例えば、建造物の内外壁の素材や質感のイメージ、照明シミュレーションなどを行い、デザイン面での評価やプレゼンテーション、構造や強度を解析したりしています。

3-9 テーパ・こう配部分に使用する記号

●記号を適用した図面の例

テーパおよび**こう配**は、図 3-9-1 に示すような専用の記号を用いて示します。参照線は水平に引き、形状の外形線から引き出し線を用いて示します。テーパの向きおよびこう配の向きを示す図記号は、テーパおよびこう配の方向と一致させて描きます。図 3-9-2 に実際に適用した図面の例を示します。

図 3-9-1　テーパおよびこう配の表記方法

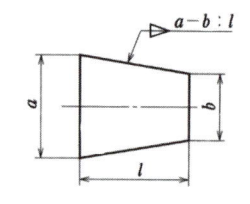

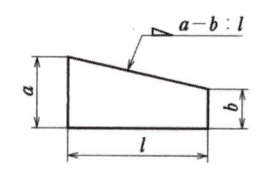

テーパ　a-b：l
例えば、l=50、a=30、b=20 のとき、テーパ比は、1：5

こう配　a-b：l
例えば、l=50、a=15、b=10 のとき、テーパ比は、1：10

●角度の表し方

角度の寸法表示は、図 3-9-3 に示すように、角度をなす 2 辺またはそれらの延長線の交点を中心として、2 辺または延長線の間に描いた円弧を用いて示します。また、角度の寸法数値の記入の仕方は、図 3-9-4（a）の表記が一般的ですが、(b) または (a) と (b) の混用も許されています。ただし、寸法線を中断する (c) は混用していないようにします。

図 3-9-2 テーパおよびこう配のある図面の例

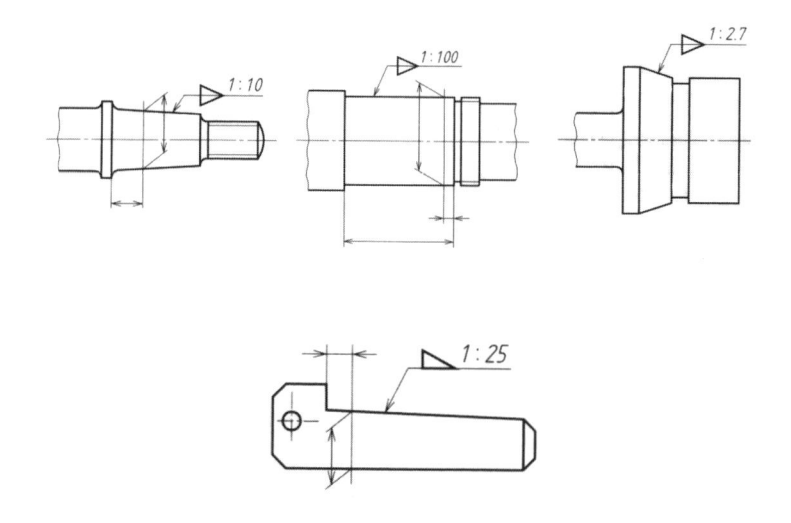

図 3-9-3 角度の寸法表示

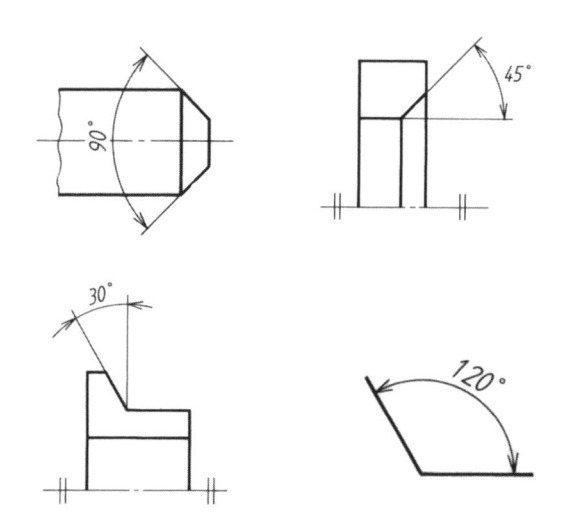

図 3-9-4　角度の寸法数値の記入方法

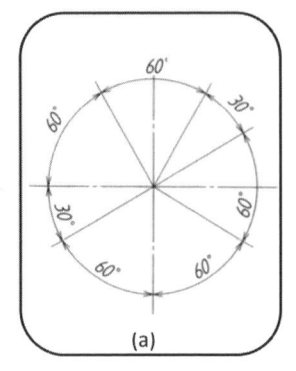

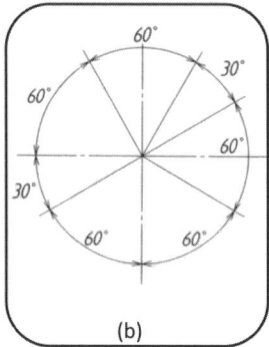

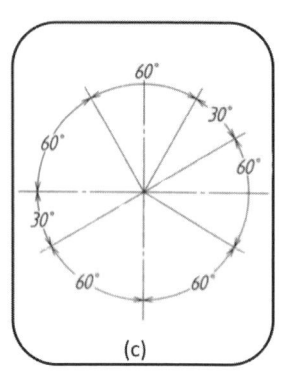

💡 CADのメリット（4）製品製作工程の短縮

　CADを用いると、製作工程に入る前にあらかじめ設計緒元や工程のチェック、部品同士の干渉や勘合具合、工作機械や各種処理の段取りのチェックがコンピュータの画面上で可能となります。したがって、設計ミスの早期発見や作業工程の短縮が期待できるのです。また、機械分野ではCADで作成された図面データにより、対象物を数値データ化して工作機械のカッターパスを出力することができます。これにより、NC（Numerical Control：数値制御）工作機械を使って設計から製造工程までを自動化するCAM（Computer Aided Manufacturing）といったFA（Factory Automation：工場全体の統合的かつ柔軟な自動化）システムが利用可能となります。さらに、この数値データを中心にして、製造に必要な部材の仕入れから設計、製造、物流までを統合したPDM（Product Data Management：製品データ管理）と呼ばれる大がかりなシステムで効率化を図ることもできます。特に3次元CADによって作成されたデータは加工やCAEの他にも、各種試験、工程管理など広い範囲で流用が可能となるのです。

3-10 図面に修正が発生した時の対処

●修正の留意点

　図面に修正要求が出て、修正することは良くあることです。寸法修正は、2次元図面の場合、寸法表記のみ修正することもあります。その際には、修正前の値を必ず残した形で修正します。また、修正履歴を必ず残すようにします。**修正履歴**には修正箇所と修正した者の名前、日付を記入します。

　また、2次元図面がCADで描かれていて、加工データなどをCADデータから出力している場合などは、CADソフトの**履歴管理ツール**により履歴を残しておくとよいでしょう。最近のCADソフトのほとんどには履歴を管理するツールが搭載されています。図3-10-1に履歴管理ツールの例、図3-10-2に修正の入った図面の例を示します。

図 3-10-1　履歴ツールの例

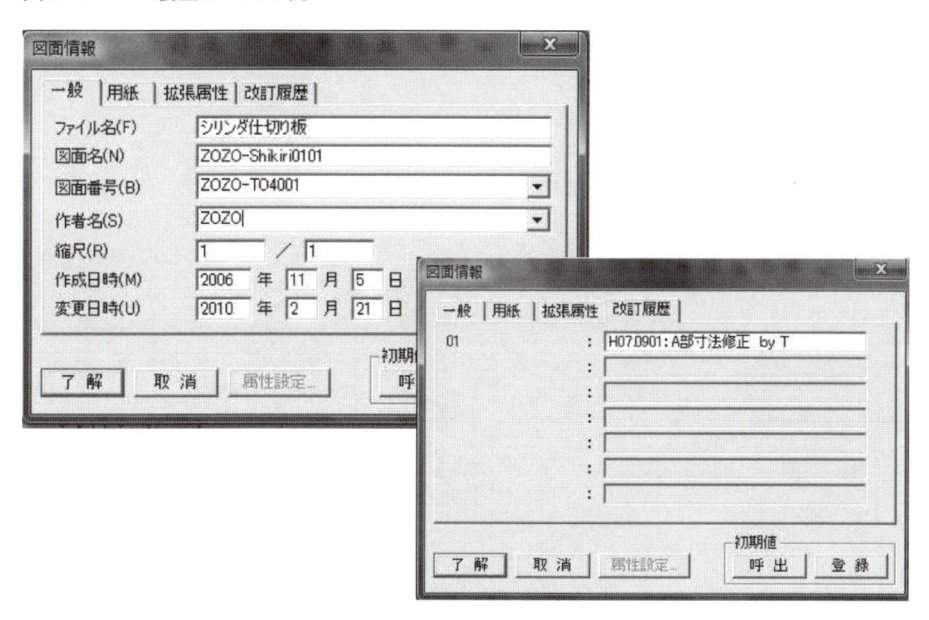

修正履歴を残すことは、その図面をいつ、誰が、どのように修正したかを後で分かるようにすることです。その修正箇所に関する再修正を別の人間が行うときに、前回の修正の経緯をたどり、修正した者に話を聞くこともできます。こうした手続きは、とりわけ最近のCADソフトを利用した設計データのデジタル化に伴い、過去の図面資産を流用した流用設計や、いくつかの部品を集めて新しい製品を構成する配置設計などを容易にしています。

図 3-10-2　修正履歴がある図面の例

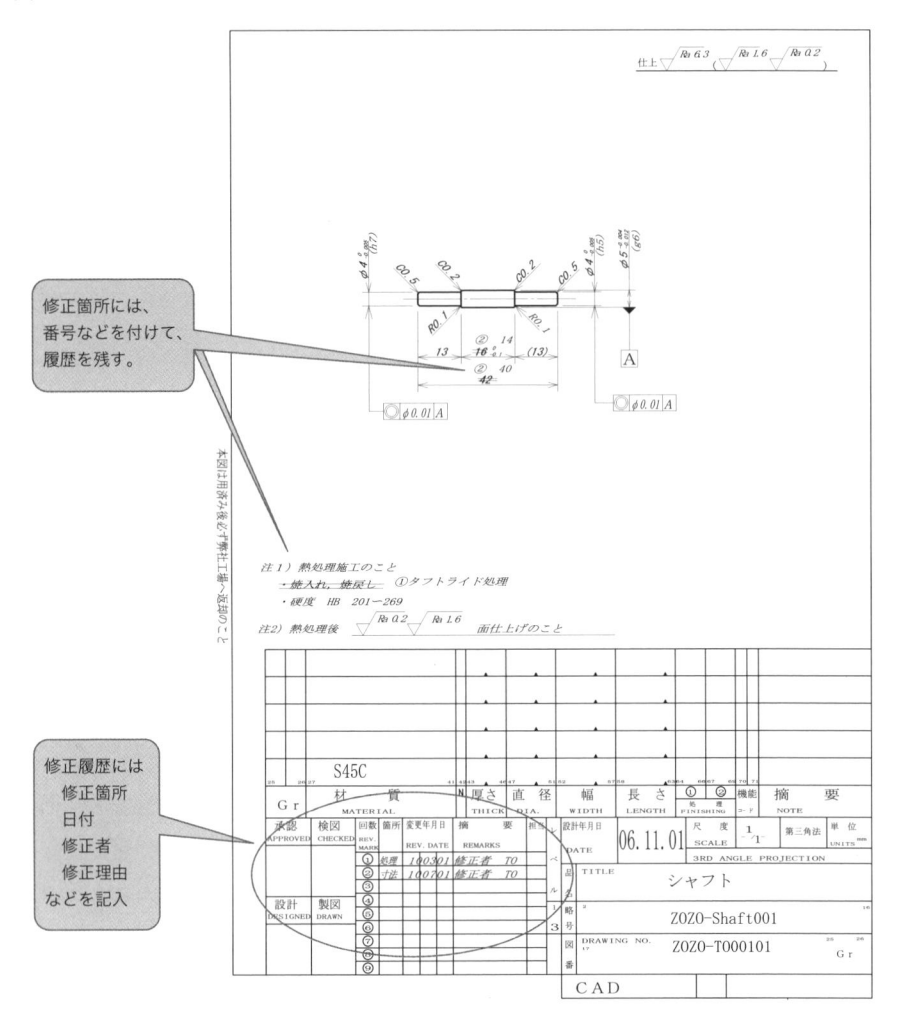

第4章

加工方法の表し方

　製作図は文字どおりモノを製作するための図面です。製作作業は、図面の中に指示されている内容に従って進めていきます。ところが、加工ができない指示や、困難な加工を要求している図面を見かけます。手だてが他にあるのに、困難な加工を図面に要求することは、加工コストのアップ、納期の長期化を招きます。設計および製図は、そこに工学の知が結集されています。当然、加工に関する知識がなければ、図面を描くことはできません。本章では、加工方法の概要とその表し方について確認していきましょう。

4-1 機械加工とは

●機械加工の種類

　材料を加工する工作機械を広く解釈すれば、金属や樹脂あるいは木材などを加工する機械全般を含めて考えることができます。一般に機械分野では**切削、研削、せん断、鍛造、圧延**などにより、金属や木材などの材料を有用な形にする機械を**工作機械**といいます。また、これらの工作機械を用いて加工することを**機械加工**といいます。

　機械加工の種類は、表4-1-1に示すように分類されます。また、代表的な加工の様式を表4-1-2に示します。

表 4-1-1　機械加工の分類

切削	バイト、フライス、ドリルなどにより、切りくずを出しながら所用の形に削り上げる加工方法。 旋盤、フライス盤、ボール盤、中ぐり盤、平削り盤、立削り盤、歯切盤、のこ盤、ブローチ盤、木工機械などがある。
研削	砥石、砥粒によって研削する加工方法。 研削盤、ラップ盤、ホーニング盤、超仕上げ盤、つや出し盤などがある。
せん断	せん断によって材料を切断する加工方法。 せん断機、打ち抜き機などがある。
鍛造、圧延、その他	常温または高温において材料に圧縮力あるいは引張力を加えて、板、棒、線、管、その他所用の形状にする加工方法。 ハンマ、プレス、圧延機、伸線機、押出し機、びょう締機などがある。

表 4-1-2　代表的な加工様式

旋削		穴あけ	
平削り（Ⅰ）形削り（Ⅱ）		研削	
フライス削り			

> **❗ マシニングセンタとは**
>
> 　NC工作機械（数値制御工作機械：Numerical Control Machine Tools）と呼ばれる工作機械があります。簡単に言うと数値制御装置と工作機械が組み合わさったものです。工作機械に刃物を制御するプログラムを入力し、自動で高精度に加工する機械です。また、工具の迅速な交換機能を備えたマシニングセンタと呼ばれる数値制御複合工作機械が最近では広く用いられます。フライス削り、穴加工、ねじ立てなどのような種々の作業を必要とする機械部品を1台の機械の上で自動で行うことができるすぐれもので、刃物を制御する座標系をいくつも有しているので、複雑な加工を高精度に実行することができるのです。

4・加工方法の表し方

4-2 鋳造

●鋳造とは

鋳造は、金属および合金を溶融状態で所要の形状に型を取った鋳型に注入し、凝固させ、冷却後に鋳型より取りだして製品とする加工方法です。鋳造により得られたものを**鋳物**といいます。

鋳造によって得られた鋳鉄は、一般に堅くてもろい性質をもっており、その性質を活かした摺動部などを有する機械要素部品をはじめ、広い範囲で用いられます。また、鋳造によって得られるアルミ合金も自動車部品、航空機部品、建築部材など幅広く用いられています。

鋳物は、そのまま用いることもありますが、一般的に、後工程として、切削加工や仕上げ加工を施すことが多いです。このような場合は、粗加工図と加工図を分けて製図するのと同様に鋳物専用の**鋳物図**を用意する必要があります。

●鋳物図

鋳物図では、鋳型から材料を取り出しやすくするために、型の内表面の材料を抜く方向にほぼ平行な面に図 4-2-1 のようにこう配を設けるようにします。これを**抜けこう配**といい、通常 3 ～ 12°程度で金属の種類などを考慮して決定されます。

また、鋳放し鋳造品について、その後の削り加工によって表面上の鋳造の影響部分の除去を許容するためや、要求した面の肌と必要な寸法精度を得るための材料の余裕代が必要である場合は、これらを加味して寸法を決定して製図する必要があります。この余裕代を**要求する削り代**（RMA）といいます。

図 4-2-1 抜けこう配

抜けこう配
3〜12°程度

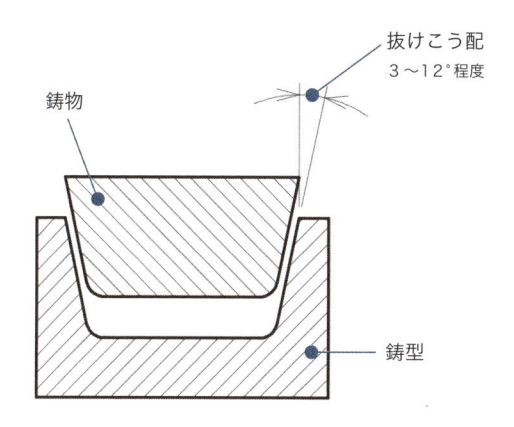

鋳物

鋳型

4・加工方法の表し方

❗ 図面はいつから？

　図面はいつから描かれるようになったのでしょうか。
　大昔に人は道具を創り出し活動するようになりました。狩猟に使う道具や畑で使う道具は、おそらく作っては壊す繰り返しを何度も行い、経験的に最良の一品を作ったのでしょう。次第に衣服を作り、住居を建て、さらに機械を作るようになりました。人間の生産活動の発達にともなって、ひとりではなく多人数で分担したり、同じものをたくさん製作したりするようになります。
　すると、作り方をわかりやすい図面に残し、同じものを再度製作するときに図面を活用する試みがなされるようになります。そして図面の記入方法を取り決め、そのルールを知れば誰でも図面を見るだけで何ができあがるのか理解できるようになったのです。

4-3 溶接とその表し方

●溶接の種類と特徴

溶接は、複数の金属材料あるいは非金属材料を加熱あるいは加圧するなどの手段により結合させる加工方法です。

溶接は、母材の接合部を加熱することにより溶融して接合する**溶融溶接**（融接）と、母材の接合面を突き合わせて加熱または加圧することにより固相状態で接合する**固相溶接**（圧接）に大きく分けることができます。

表 4-3-1　金属の溶接

溶接	2個の金属片を局部的に溶融して接合	
圧接	2個の金属片の接合部を加熱・加圧して接合	
ろう付け	2個の金属片の間に挟んだ融点の低い金属片（ろう）を溶融するくらい加熱して接合	

さらに、加熱の熱源、加熱の方法、加圧の有無、シールドガス（溶接箇所を大気から分離するために用いる）の有無などにより細かく分類されます。その主なものは、ガス溶接、アーク溶接、抵抗溶接（シーム溶接）、電子ビーム溶接、スポット溶接などがあります。

●ガス溶接

各種ガス炎を熱源として材料を溶接する方法です。用いるガスには、酸素―アセチレン、空気―アセチレン、酸素―プロパンなどがあります。

●アーク溶接

アーク放電による発熱と電流による抵抗発熱を利用する最も一般的な溶接法です。母材と対抗する電極として溶接棒やワイヤーを用います。

●抵抗溶接

加圧を伴いながら接合しようとする部分にごく短時間大電流を流して、そこで発生する抵抗発熱を利用して溶接を行う方法です。

●電子ビーム溶接

真空中で電子線を集結し、これを被溶接物に衝突させ、そのとき発生する熱を利用して溶接を行う方法です。

●スポット溶接

点溶接ともいわれ、重ね合わせた母材を先端を適当に成型した電極でおさえ、電流を流して抵抗発熱により加熱を行い溶接を行う方法です。

●設計上の十分な検討が必要

溶接は加熱を伴う加工方法なので、部品の熱による変形などを引き起こすおそれがあります。したがって、溶接を行う場合は、溶接箇所について設計上の十分な検討が必要となります。

製図の中で溶接を指示する場合、**溶接記号**および表示方法がJIS Z 3021に規定されています。主な種類と記号を表4-3-2に示します。また、必要に応じて、表4-3-3に示すような補助記号を用います。

表 4-3-2 溶接の種類と記号[14]

	溶接の種類と記号			
	矢の反対側 または向こう側	矢の側 または手前側		両側
両フランジ形				
片フランジ形				
I形			I形（両面）	
V形			X形	
ν形			K形	
J形			両面J形	
U形			H形（両面U形）	
フレアV形			フレアX形	
フレアν形			フレアK形	
すみ肉（連続）			断続（両面）	
すみ肉（断続）	L(n)-P	L(n)-P	断続（千鳥）	L(n)-P L(n)-P
プラグ溶接またはスロット溶接				
ビード				
肉盛				
スポット溶接				
プロジェクション溶接			尾にプロジェクション溶接と記入	
アークスポット溶接			尾にアークスポット溶接と記入	
シーム溶接				
アークシーム溶接			尾にアークシーム溶接と記入	

注　水平な細い実線は基線の位置を示す。

表 4-3-3　溶接の補助記号[14)]

区分		補助記号	
溶接部の表面形状	平ら	———	
	凸	⌒	基線の外に向かって凸とする。
	へこみ	⌣	基線の外に向かってへこみとする。
溶接部の仕上方法	チッピング	C	
	研削	G	グラインダ仕上げの場合。
	切削	M	機械仕上げの場合。
	指定せず	F	仕上方法を指定しない場合。
現場溶接		▶	
全周溶接		○	全周溶接が明らかなときは省略してもよい。
全周現場溶接		⌾	

●溶接の図示法

　一般に溶接する部材は良好な接合が実現できるように、接合端面に溝を付けます。この溝を**開先**（groove）といいます。また、円弧状の部分を溶接する場合は、その開先を**フレア**（flare）と呼んでいます。

　溶接の図示には、溶接の方法と仕上がり具合、開先の種類を示す必要があります。溶接記号や補助記号の他に説明線も用いられます。代表的な**説明線**を図 4-3-1 に示します。

　図 4-3-2 に**基本記号**の表記例を示します。また、補助記号、寸法、強さなどの溶接施行内容の記載方法は、基線に対して基本記号と同じ側に記載します。

　溶接方法など、特に指示する必要がある事項は、尾の部分に記載します。図 4-3-3 に溶接施工内容の記載方法を示します。

図 4-3-1　説明線

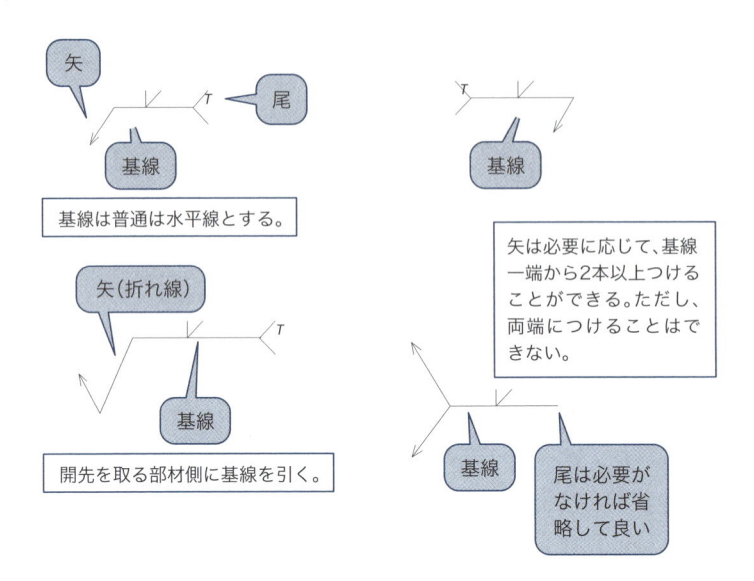

基線は普通は水平線とする。

開先を取る部材側に基線を引く。

矢は必要に応じて、基線一端から2本以上つけることができる。ただし、両端につけることはできない。

尾は必要がなければ省略して良い

> **3次元造形　RPとは**
>
> 　最近では、3次元的な造形物の製作に光造形法によるRPや3次元プリンタが用いられています。RPとは、「Rapid Prototype」のことで、3次元CADデータを利用して高速に試作品を造るための技術です。3次元CADデータからレーザ光線の動きを制御し、光硬化性樹脂（光が当たると固まる性質を持った樹脂）を用いて目的の形状を高速に製作していきます。他にも、粉末固着法、溶融物体積法、薄板積層法などがあり目的に応じて利用されています。RPは高速でレプリカや試作品を製作することができるため、組み付けの確認、色合い、質感の確認などに有効です。最近では、造形時間も短縮化し金属粉末を用いた造形も一般的になっています。

図 4-3-2 基本記号の表記例

(1) 一般に、説明線は普通は細い実線を用います。
(2) 基線、矢、尾で構成されていて、必要がなければ尾は省略できます。
(3) 矢は溶接部を指示する。基線に対してなるべく60°の直線とします。
(4) 溶接部の形状がレ形、K形、J形および両面J形において、開先をとる部材の面を指示する必要がある場合は、開先をとる部材側に基線を引き、矢を折れ線とし、開先をとる裏面に矢の先端を向けます。
(5) フレアレ形やフレアK形においてもフレアのある部材の面を指示する必要がある場合には、同様に線を引きます。

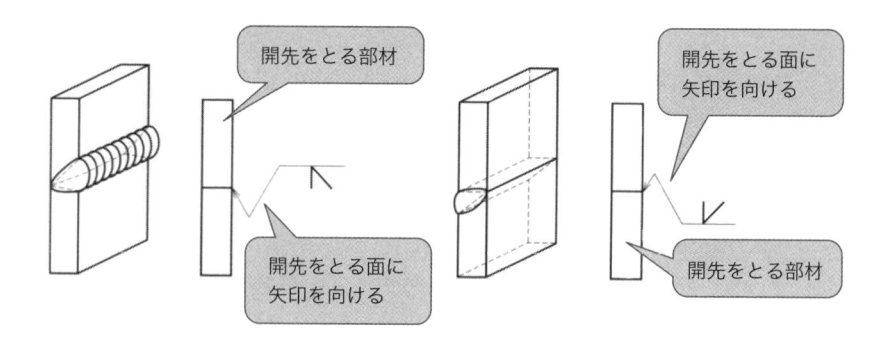

図 4-3-3 溶接施工内容の記載方法

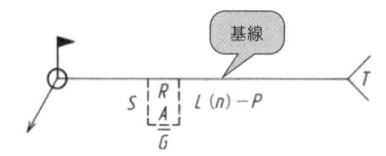

(a) 溶接する側が矢の側または手前側のとき

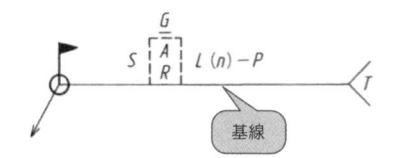

(b) 溶接する側が矢の反対側または向こう側のとき

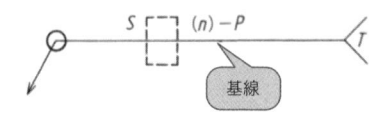

(c) 重ね継手部の抵抗溶接(スポット溶接など)のとき

溶接施工内容の記号例示

- $\square$: 基本記号
- S : 溶接部の断面寸法または強さ
- R : ルート間隔
- A : 開先角度
- L : 断続すみ肉溶接の溶接長さ、スロット溶接の溝の長さまたは必要な場合は溶接長さ
- n : 断続すみ肉溶接・プラグ溶接・スロット溶接・スポット溶接などの数
- P : 断続すみ肉溶接・プラグ溶接・スロット溶接・スポット溶接などのピッチ
- r : 特殊指示事項
  (J形、U形などのルート半径、溶接方法、その他)
- — : 表面形状の補助記号
- G : 仕上方法の補助記号
- ▶ : 全周現場溶接の補助記号
- ○ : 全周溶接の補助記号

開先溶接 ｛ S : 開先深さSで完全溶込み
　　　　　 Ⓢ : 開先深さSで部分溶込み
　　　　　　 Sを指示しない場合は、完全溶込み

4・加工方法の表し方

4-4 仕上げと表面処理

●仕上げとは

仕上げとは、工作物を指示された加工精度に仕上げるために行われる加工工程のことです。特に軸や軸受、またはピストン側面とシリンダ内壁面などのような摺動する箇所では、仕上げ加工を施し、所望の加工精度、表面粗さに仕上げる必要があります。仕上げ加工では、一般にヤスリ、紙ヤスリ、砥石などを用いた**研磨**を行います。

●仕上げの表記

図面は、仕上げ状態を表した製作図面に、必要に応じて注記を用いて加工方法などを指示したものを用意します。これらの指示を記入しなかった場合は、詳細に関して製作作業者から問い合わせを受けることになるでしょう。場合によっては、加工を行う作業者が、自らの経験から、切削しろや研磨しろを考慮して適切な加工方法で製作してくれるかもしれません。

しかし、製作ミスを少なくし、かつ加工作業者にわかりやすい図面を作成するという観点に立つならば、仕上げなどの指示表記をぬかりなく記入すべきです。仕上げ工程を分けて製作を進める場合には、図面を仕上げを除いた加工工程専用の**粗加工図**と仕上げ工程用の**加工図**に分けて描き、工程ごとに詳細な指示を表記するとよいでしょう。

●図面を工程ごとに分ける

仕上げ前の加工工程と仕上げ工程では、加工に用いる工作機械などが異なることや、切削加工は切削加工専門の部署で行い、研磨は研磨が得意な部署で仕上げるなど、作業を分担することがあります。図面を工程ごとに分ける際には、後工程の内容をよく理解して適切な指示を記入する必要があります。

例えば、直径20mmほどの軸の加工図で、摺動部に研磨しろとして2mmほど残すよう指示した場合、後工程では研磨でこの2mm（直径で

4mm）ほどを落とすことになります。

　研磨でこの肉厚を落とすことは、工作機械を用いても時間がかかるし、紙ヤスリなどによる手仕上げなら、とても気が遠くなる作業となってしまいます。これを避けるために、切削加工をした後に研磨をすると、二度手間になってしまいます。図面を描く際には、適切な研磨しろも知っておく必要があるのです。

　工程ごとに図面を分けて、作業内容に合う適切な指示を図面中に記入することは、製作ミスを低減させるばかりではなく、分担して作業を進めることができるなど、業務効率の改善に役立てることができます。

●表面処理とは

　表面処理には、電気メッキ、塗装、熱処理などがあります。目的は工作物の洗浄、除錆、防食、表面改質など、様々な役割があります。また、表面処理の方法は材料により多岐に分かれています。

　主として機械部品における表面処理では、工作物の耐摩耗性、潤滑性、耐腐食性などの改善のために、表面に硬質被膜、潤滑被膜、耐腐食被膜を形成させる処理方法として用いられることが多く、一般的に仕上げ工程の最後に行われます。代表的なものに摺動部に施される二硫化モリブデン処理や耐腐食のために施される**金属メッキ**などがあります。

　また、部材の表層のみを硬化させて耐摩耗性を向上させる方法として**表面硬化技術**があります。これは、表層の加工硬化を利用する高周波焼入れ、火炎焼入れなどのほか、表面層の合金成分を変えて硬化させるガス浸炭窒化などがあります。図4-4-1に**表面熱処理**の分類を示します。

●表面処理の表記

　表面処理を図中に指示するには、図中にある要目表や表題欄、部品欄に記述するようにします。また、表面処理の指示が長くなるような場合は、図中に注記をします。部品の部分的な表面処理を指示するような場合は、図4-4-2に示すように、処理を行う箇所に記述します。

4・加工方法の表し方

図 4-4-1　表面熱処理の分類

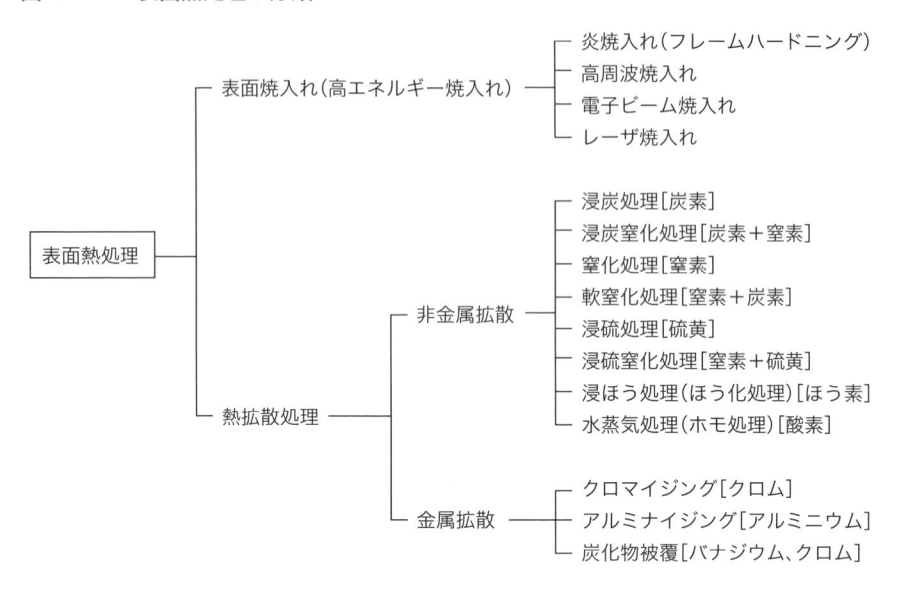

表面熱処理
├─ 表面焼入れ（高エネルギー焼入れ）
│   ├─ 炎焼入れ（フレームハードニング）
│   ├─ 高周波焼入れ
│   ├─ 電子ビーム焼入れ
│   └─ レーザ焼入れ
└─ 熱拡散処理
     ├─ 非金属拡散
     │   ├─ 浸炭処理［炭素］
     │   ├─ 浸炭窒化処理［炭素＋窒素］
     │   ├─ 窒化処理［窒素］
     │   ├─ 軟窒化処理［窒素＋炭素］
     │   ├─ 浸硫処理［硫黄］
     │   ├─ 浸硫窒化処理［窒素＋硫黄］
     │   ├─ 浸ほう処理（ほう化処理）［ほう素］
     │   └─ 水蒸気処理（ホモ処理）［酸素］
     └─ 金属拡散
          ├─ クロマイジング［クロム］
          ├─ アルミナイジング［アルミニウム］
          └─ 炭化物被覆［バナジウム、クロム］

図 4-4-2　表面処理の表記

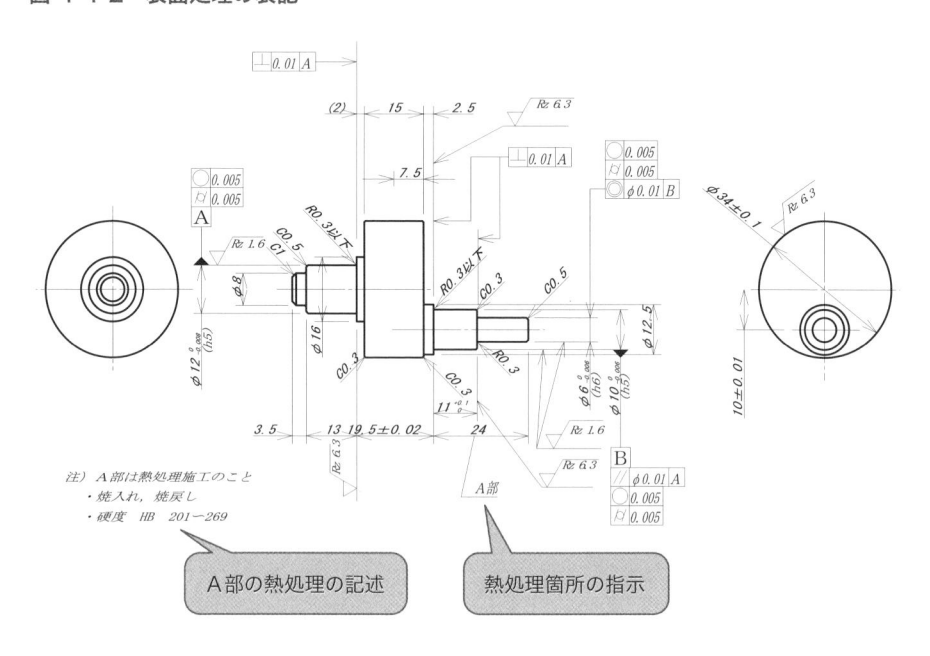

注）A部は熱処理施工のこと
・焼入れ，焼戻し
・硬度　HB　201～269

A部の熱処理の記述

熱処理箇所の指示

4-5　プレス加工

●プレス加工の種類

　加工方法は、多岐にわたっており、また時代とともに進歩しているので、全部に関してここで触れることはできませんが、プレス加工技術は、量産図面に多く登場する塑性加工法として、製図を描くうえでも知っておきたい加工方法です。

　図4-5-1に示すように、プレス機械のラムとベットの間に1対の工具あるいは型（dies）をおいて、その工具によって目的に応じた形に素材を成型する加工法を総称して**プレス加工**といいます。プレス加工には、鍛造加工、板材の加工、圧縮加工、しごき加工があります。

　板材の加工は、せん断加工、曲げ加工、深絞り加工に分類され、これによって製作される製品は、電機部品、家庭用品、自動車、航空機、船舶、建築など、小部品から大きな部品まで幅広い分野にわたっています。量産性がよいことから、鋳造や切削加工をプレス加工に置き換えて製品化することで、生産性を向上することができます。

図4-5-1　プレス加工

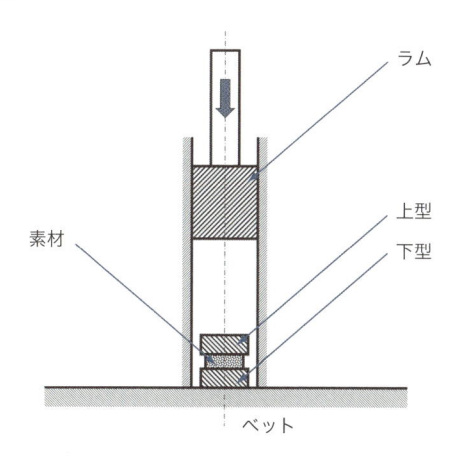

●金型の形状

塑性加工では、型を用いて加工を行います。型は、鋳造では砂形が用いられますが、塑性加工では、一般に金型が用いられます。金型は、鋼板などに外力を加えて一定の形状にするために用いられる**プレス金型**と、溶融金属、溶融樹脂を一定量注入して成型するために用いられる**金型**に大別されます。図 4-5-2 に金型形状の例を示します。

プレス金型では、下型（固定側金型）と上型（移動側金型）の間に素材を置き、型を閉じることにより、せん断、曲げ、絞りなどの塑性加工を行います。溶融金属や溶融樹脂の成型に用いられる金型は、下型と上型を閉じた状態で形成される内部の空間（キャビティ）に溶融後の金属や樹脂を注入し、冷却、固化した後に取り出すことで成型を行います。

図 4-5-2 金型形状の例（抜型）

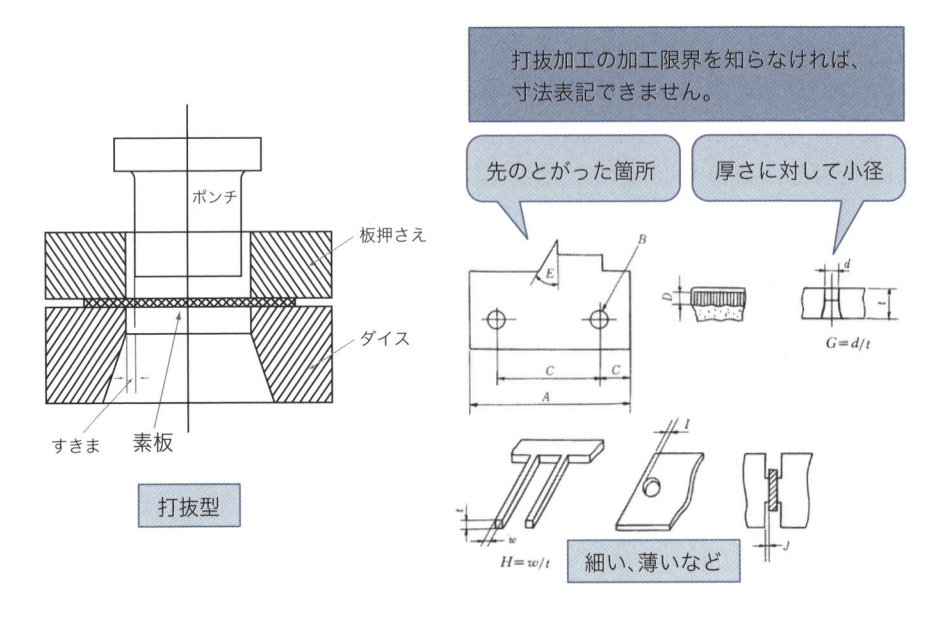

●曲げ加工

　曲げ加工は、広義ではすべての成形加工を意味すると考えることができます。一般には、図4-5-3に示すような、平らな板やまっすぐな棒、管などを立体的な形状に加工する加工を**曲げ加工**といいます。

　ポンチ、ダイスをプレス機械に取り付けて曲げ作業を行う**型曲げ加工**、折り曲げ機を用いる**折り曲げ加工**、ロールを使用する**ロール曲げ加工**、ローラを用いて板横断方向にも成形を行う**ロール成形**があります。

図 4-5-3　曲げ加工

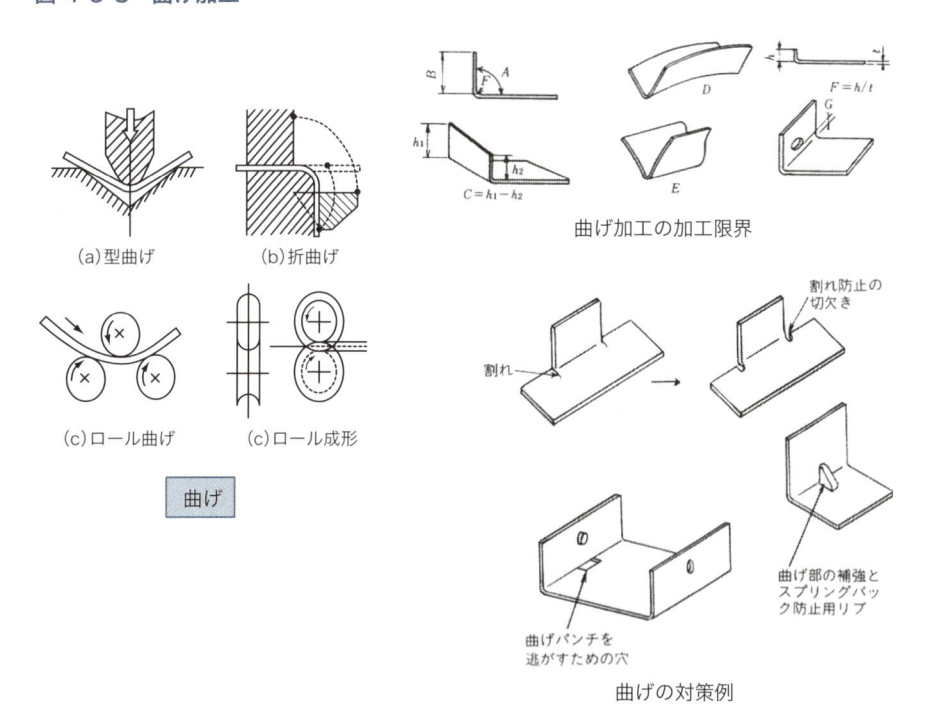

(a) 型曲げ
(b) 折曲げ
(c) ロール曲げ
(c) ロール成形

曲げ

曲げ加工の加工限界

$C = h_1 - h_2$
$F = h/t$

曲げの対策例

割れ
割れ防止の切欠き
曲げパンチを逃がすための穴
曲げ部の補強とスプリングバック防止用リブ

4-6 放電加工　ワイヤカット加工

●放電加工

特殊加工の中でパワー密度の高いエネルギーを用いる加工を**高エネルギー加工**といいます。

放電加工（EDM）は、レーザ加工、電子ビーム加工などとともに代表的な高エネルギー加工法のひとつです。放電加工は材料の硬さに関係なく加工が可能で、熱処理後の工作物の加工やプレス金型の製作、チタン材の加工にも用いられます。

加工原理は、図4-6-1に示すように、絶縁液中に配置された工作物に電極を近づけ、双方に電圧を印加し放電を発生させます。放電により発生した発熱は材料と電極の表面層を溶融し、絶縁液の中に飛散し除去されます。これを繰り返すことで加工を進行させるものです。

図 4-6-1　放電加工

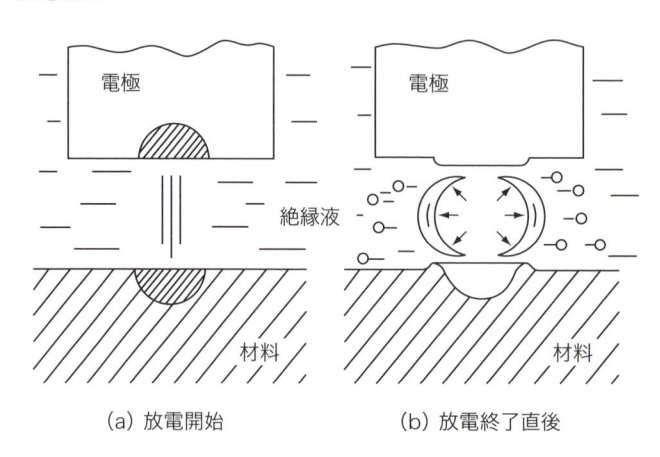

　　　　　(a) 放電開始　　　　　(b) 放電終了直後

●ワイヤカット加工

ワイヤカット放電加工あるいはワイヤ放電加工ともいいます。放電加工の一種で、走行するワイヤ電極と加工物の間で放電させて切り抜く加工方法です。

工作物はワイヤカット加工機のX–Yテーブル上で移動させて加工し、ワイヤはϕ 0.05～0.3mmの黄銅、銅、タングステンなどの導線が用いられます。NC制御により複雑な輪郭形状を自動的に切り抜くことができるため、プレス型などの金型、放熱器などの微小すきまのフィン加工などに多く用いられています。

図 4-6-2　ワイヤカット加工

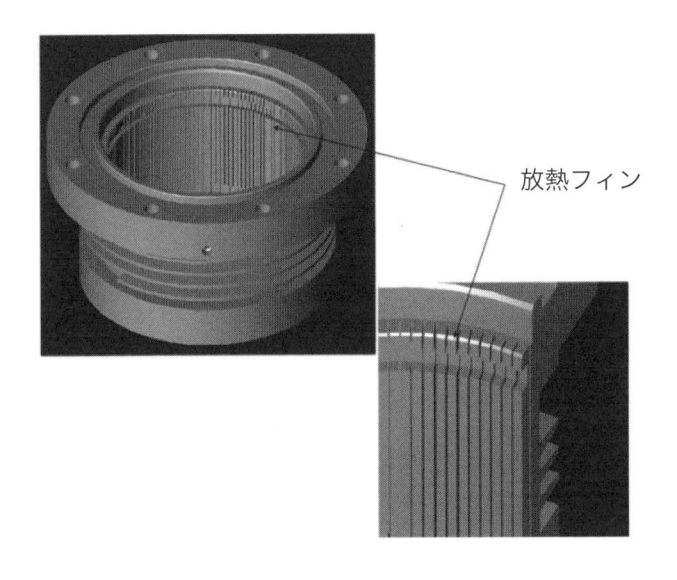

放熱フィン

4-7 加工しやすい設計

●加工しやすい材料と形状

加工しやすい設計とは、
① 部品材料の観点
② 部品形状の観点
の2つの観点から考えることができます。

①に関して、加工性のよい**部品材料**とは、例えば、切削加工では被削性のよい材料がそれにあたります。加工性のよい材料の加工は、一般的に工具の寿命も長く、加工精度も良好で、高速で加工できるので加工時間も短くなります。

一方、②の加工性のよい**部品形状**に関しては、加工法を熟知したうえで適合した形状を決める必要があります。図 4-7-1、図 4-7-2、図 4-7-3 に加工を考慮した部品形状の例を示します。また、考慮すべき基本的な点は以下のようになります。

- 意匠デザインが許容できる範囲で極力単純な形状にする。
- 同一の機械で加工できるような形状にする。
- 材料の加工機設置や段取りを考慮した形状にする（基準面、部品固定箇所など）。
- 加工方法を考慮した形状にする。

部品に選ばれる材料は、その部品の機能を優先して選ばれるのか、あるいはその部品の構造上の強度を優先して選ばれるのかによって異なります。その中で、加工しやすい材料と加工しやすい形状を工夫していく必要があります。

図 4-7-1 加工を考慮した部品形状の例（１）

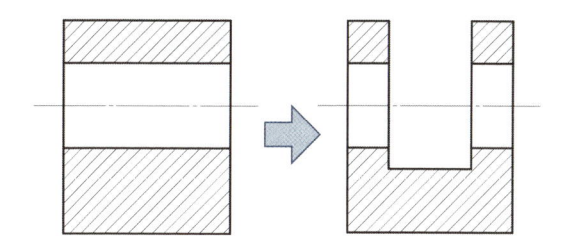

長穴加工は、心がずれやすいので
中央部の肉を盗んで短い穴加工にする。

図 4-7-2 加工を考慮した部品形状の例（２）

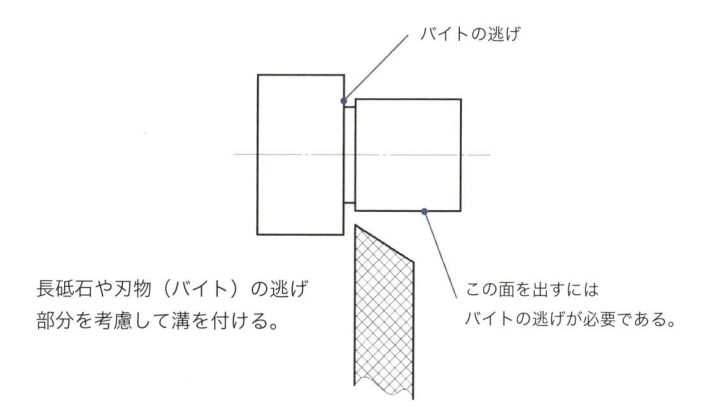

バイトの逃げ

長砥石や刃物（バイト）の逃げ
部分を考慮して溝を付ける。

この面を出すには
バイトの逃げが必要である。

図 4-7-3 加工を考慮した部品形状の例（３）

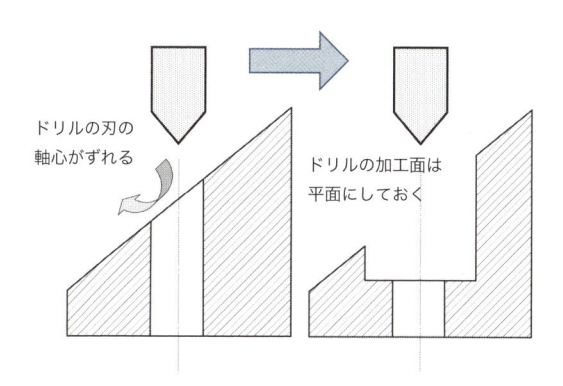

ドリルの刃の
軸心がずれる

ドリルの加工面は
平面にしておく

4-8 作業者に配慮した図面

 図面は、最大限に加工をする作業者やその図面を活用しようとする2次作業者に対する配慮すべきポイントをあげてみましょう。

● 「加工しやすい」配慮

 この点に関しては、既に述べました。工作機械に何度も設置したりおろしたりを繰り返していては、生産性も製造性も良好とはいえません。材料の選定や工具の選定も重要な項目となります。製品の機能や特性に合わせて、最適な加工を選定します。また、意匠デザインを重視しない場合は、できるだけ単純な形状にすることも大切です。さらに、同一の機械での加工が可能な形状にする工夫も必要でしょう。

● 「計算させない」配慮

 この点に関しては、第3章で述べました。作業者に加工しながら寸法の足し算や引き算をさせるようでは、加工ミスの原因になることはもちろんのこと、図面としても完成度も低いといわざるを得ません。

● 「見やすい」配慮

 この点に関しては、的確な紙面におけるレイアウトが必要です。最近は、CADで図面を描くことが一般的になってきたので、線や文字の表記については誰が描いても高い品質が得られます。しかし、寸法値の記述位置を揃えるとか、図4-8-1に示すように引き出し線の位置を揃えるなど、見やすい工夫が必要です。
 また、図4-8-2に示すように、同一箇所や同じ加工の寸法表記を正面図や側面図にバラバラに描いてしまうと、作業者は正面図と側面図とを見比べながら加工を進めることになります。このような寸法表記はどちらかにまとめて表記すべきです。

図 4-8-1 引き出し線の位置を揃える配慮

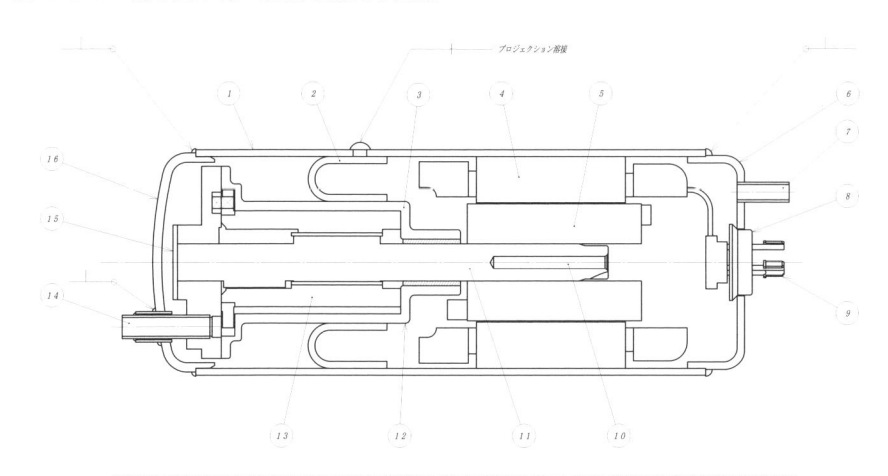

引出線、引出風船などは見やすいように、縦、横、揃えるようにします。
また、寸法線などもできるだけ揃えるようにすると良いでしょう。

図 4-8-2 寸法値の表記に関する配慮

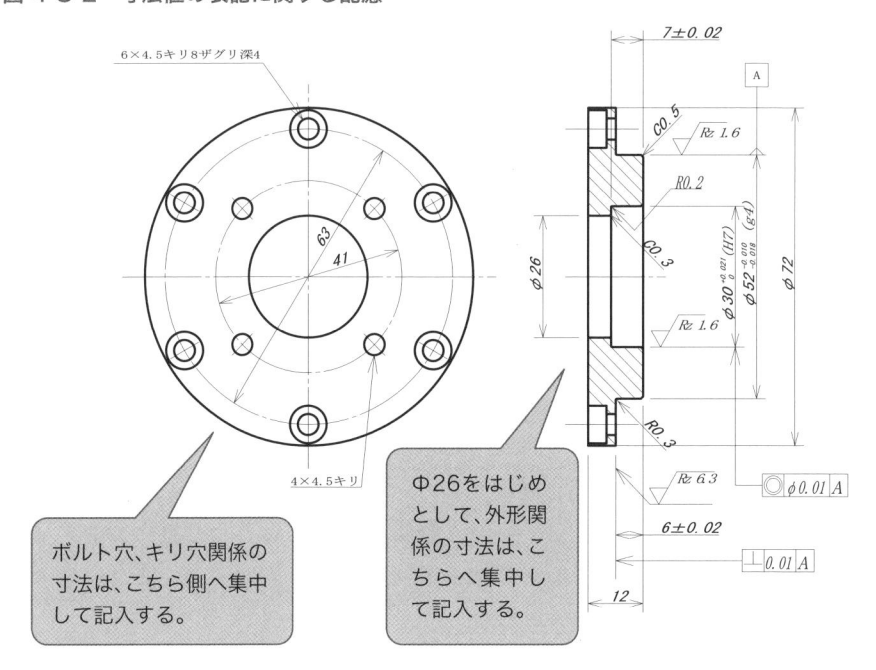

ボルト穴、キリ穴関係の寸法は、こちら側へ集中して記入する。

Φ26をはじめとして、外形関係の寸法は、こちらへ集中して記入する。

● 「分解・組み立てやすい」配慮

　この点に関しては、実際の製造工程を考慮して多角的に判断する必要があるでしょう。一般的には、使用するねじの種類をできるだけ少なくするとか、上から部品を載せていけば組立てが進められるような構造を工夫するなどの配慮が求められます。

　勘合部品では、図4-8-3に示すように、あらかじめピンを設置しておき、ピンを入れることにより、勘合部の組立精度が実現できるようにすることも重要です。

図 4-8-3　ピンを用いた部品

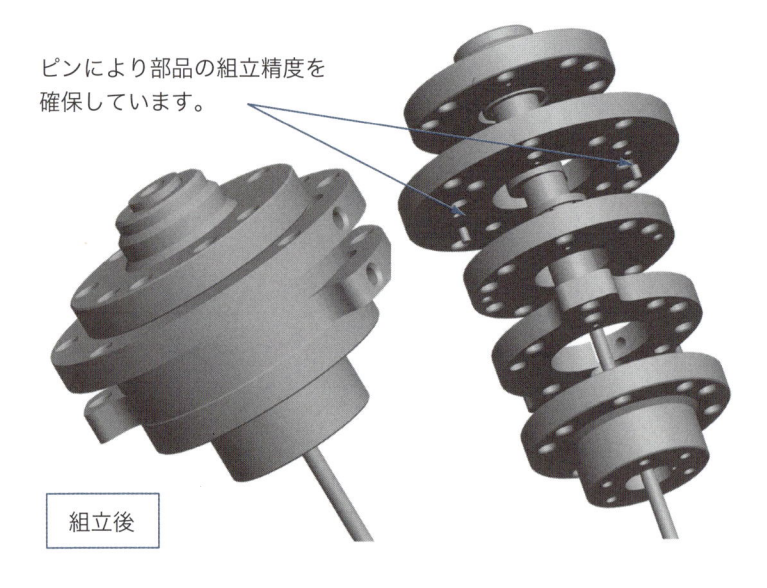

ピンにより部品の組立精度を確保しています。

組立後

　また、左右非対称の部品では、図4-8-4に示すように裏表を間違えて組み立てないように、等配のボルト穴ではなく、非対称な位置に穴を開けます。こうすることにより、裏表を間違えると、ボルトが入らなくなるので、間違いがなくなるのです。このほかにも、作業者向けというより社会的な要望から、信頼性や環境に対する配慮を設計や図面に取り入れていくことが求められます。

図 4-8-4　非対称なボルト穴の例

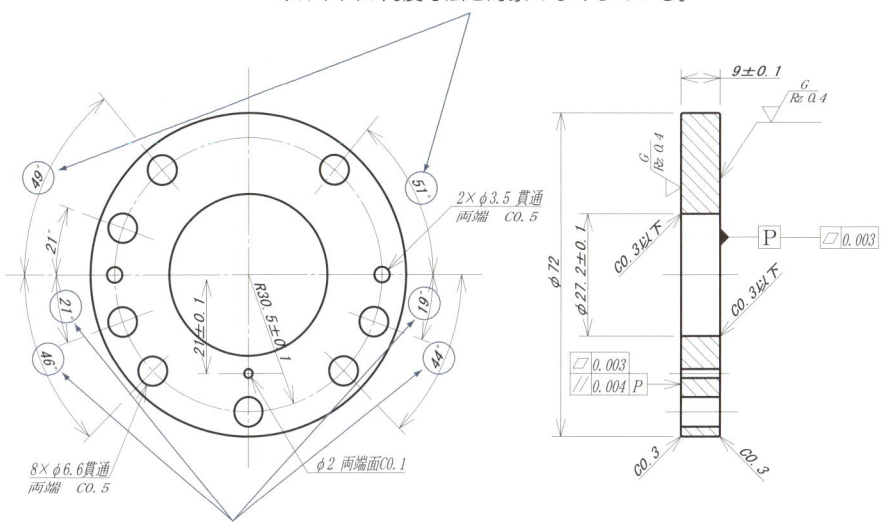

ボルト穴の角度寸法を対象でなくしている。

ボルト穴の角度寸法を対象でなくしている。

> **!** **組み立てに役立つマーク　合いマーク**
>
> 　軸とカムの関係や、一対の歯車、軸やカムなどと弁の関係など、互いの位置関係が決まっている部品があります。これらを組み立てるときに、その位置関係を間違えないようにしなければなりません。これらを効率よく組み立てるために、お互いの合うところにポンチマークや刻印、目安たがね等ではっきりと印を付けることがあります。この印を合いマークといいます。機械の分解作業時にも、同様に再組立を行うときに効率よく作業を進められるよう合いマークを入れながら分解するとよいでしょう。

4-9 「バリ、カエリなきこと」

●部品全体にバリ取りをして納品せよ

　精密機械部品の図面にしばしばおまじないのように出てくる注記のひとつに「バリ、カエリなきこと」があります。この注記は、製作物全体としてバリが立っていたりカエリがないようにせよ、またこれらを取るようにとの指示です。

　金属などを加工するときに生じる薄いひれ状の余剰部分を**バリ**といいます。また、せん断加工で生じるバリは**カエリ**といいます。通常は1mm以下の小さなものですが、作業者が負傷しないよう安全上の問題からバリ取りをします。

　精密部品ではバリが機能に大きく影響を与えることもあるので、バリ取りの指示は重要です。型鍛造においては、材料を型の隅々まで充満させるために、意図的にバリをつくることが行われています。一般的には、バリの重量が製品の20〜40％程度となるため、材料節約の観点からバリの削減努力がなされています。

●安易に図中に使うと…

　図4-9-1に「バリ、カエリなきこと」と書かれています。これは、製品のエッジ部はすべてバリ取りするようにとの指示です。実際にバリ取りをするとエッジ部は、C0 1〜C0。5程度の面取りに近い効果を得ます。

　ここで注意が必要なのは、図の例はC0。5を付けてしまうと性能に大きな影響が出てしまう部品であることです。機能上C0。5以上を許さない部品も多いので、安易に「バリ・カエリなきこと」と図中に指示してしまうと、取り返しのつかないオシャカになってしまいます。

　このような部品には、逆に「バリ取りせずに納品のこと」と指示し、自分でオイルストーンや紙ヤスリを用いてバリ取りを行います。

図 4-9-1　バリ・カエリなきこと

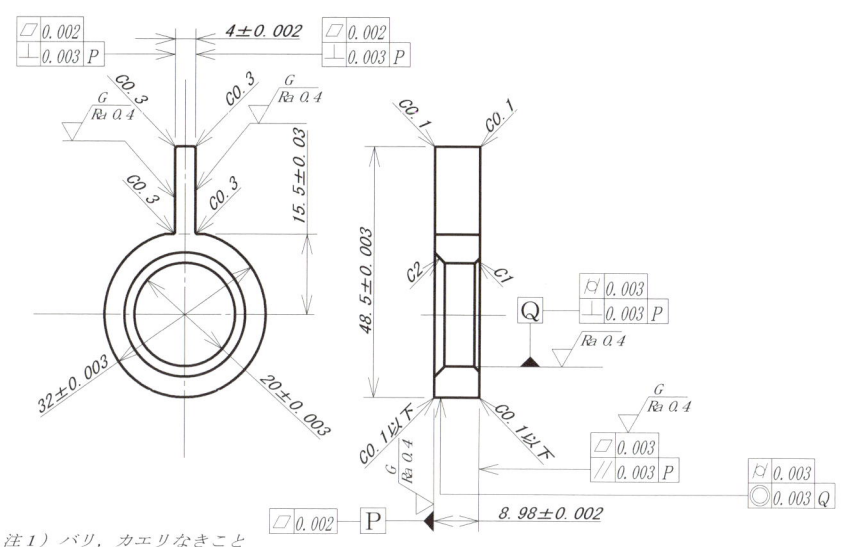

注1）バリ，カエリなきこと
注2）指示なき角部はC0.3で面取りのこと

> **! ひとつの部品に図面は1枚？**
>
> 　図面は、加工や処理工程によって分けて製図することがあります。例えば、加工を行うために、粗加工用の図面、中加工用の図面、仕上げ加工用の図面と分けて描いておくことはよく行われています。工作物の素材から、仕上げしろを残して不要部分の材料除去を行うための加工工程を粗加工といいます。また、粗加工後の材料を、仕上げ加工前までの材料除去を行うための加工工程を中加工といいます。例えば、仕上げ工程が研磨になる場合は、研磨しろを残して不要部分の材料除去を行います。また、量産製品の場合は、加工工程によって、外注企業を分けていたり、協力企業先にある加工機に合わせて図面を起こす場合もあります。また、鋳造を行って鋳物の素材から製作する場合は、粗加工図の前に鋳物図も必要になります。仕上げしろによって、材料コストや加工時間が大きく影響をするので、適切な設定が求められます。

4-10 加工できない図面 加工しにくい図面

●「にげ」がないと…

図 4-10-1 の図面は、「にげ」がなければ加工できません。φ16 の加工は旋盤で切削加工する際にはバイトのにげが必要だからです。また、面肌の指示は研削ですので、砥石のにげが必要となります。このにげがなければ、所望の寸法と面肌を実現することが不可能なのです。

図 4-10-1　バイトのにげの問題

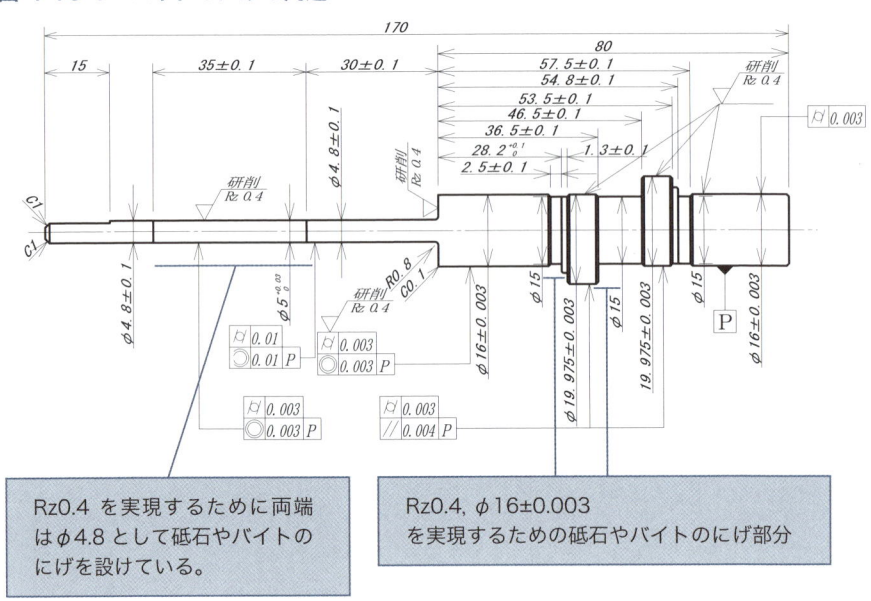

Rz0.4 を実現するために両端は φ4.8 として砥石やバイトのにげを設けている。

Rz0.4, φ16±0.003 を実現するための砥石やバイトのにげ部分

●実行不可能な作業は図面に指示しない

　図4-10-2はロングドリルがなければ加工できない穴あけがあります。設計上の工夫をしてロングドリルを使用しないようにするか、試作作業者と詳細な打ち合わせが必要となります。

　図4-10-3は小径の深い穴あけは穴の中心軸が倒れやすいので加工が難しい例です。

　図4-10-4は指示されたところを熱処理することが困難な例です。部分的な熱処理には、高周波焼入れを行いますが、焼き入れのためのコイルを設置するスペースがなければ焼入れができません。

　このように、図面は実行不可能な作業を指示してはいけないのです。

図 4-10-2　ロングドリルでなければ届かない加工

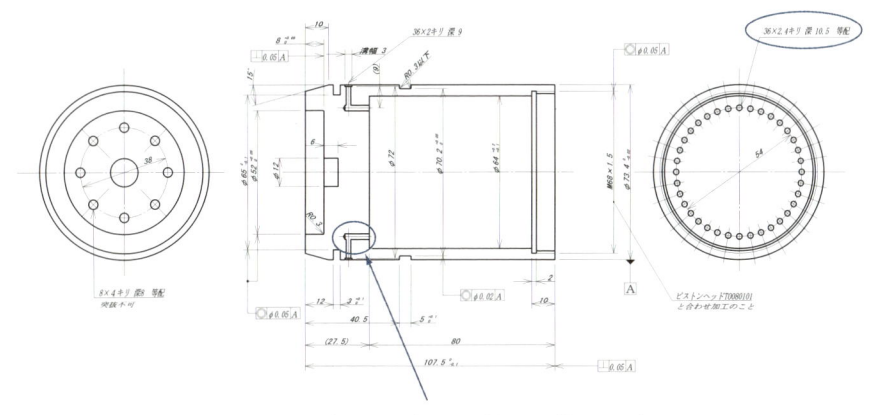

このφ2.4の穴はロングドリルがなければ加工できない。

図 4-10-3　小径の深い穴あけ

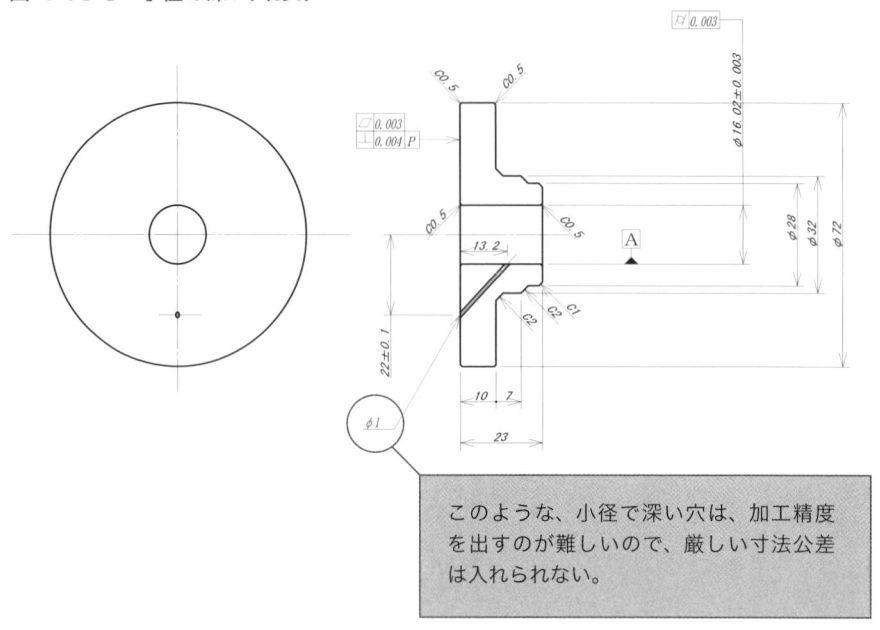

> このような、小径で深い穴は、加工精度を出すのが難しいので、厳しい寸法公差は入れられない。

図 4-10-4　焼入れできない箇所の焼入れ

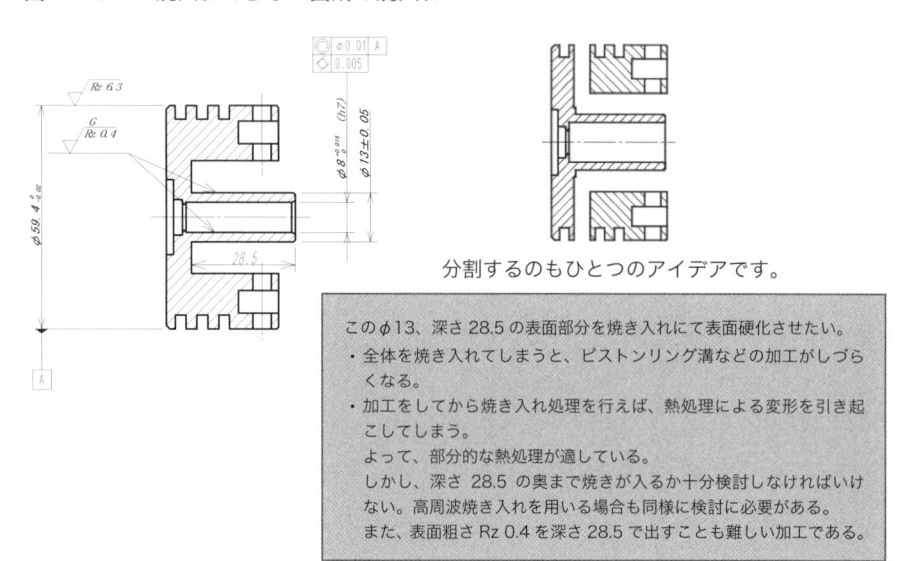

分割するのもひとつのアイデアです。

> このφ13、深さ 28.5 の表面部分を焼き入れにて表面硬化させたい。
> - 全体を焼き入れてしまうと、ピストンリング溝などの加工がしづらくなる。
> - 加工をしてから焼き入れ処理を行えば、熱処理による変形を引き起こしてしまう。
> よって、部分的な熱処理が適している。
> しかし、深さ 28.5 の奥まで焼きが入るか十分検討しなければいけない。高周波焼き入れを用いる場合も同様に検討に必要がある。
> また、表面粗さ Rz 0.4 を深さ 28.5 で出すことも難しい加工である。

第5章

表面の表し方

　機械部品の表面は、その用途に応じて仕上げをします。機械部品の表面状態の凹凸の度合いによって、その機械の機能が大きく左右されることからです。したがって、図面には適切な表面状態を指示しなくてはならないのです。本章では、表面状態の表し方に関して確認しましょう。

5-1 表面の状態を表す用語とパラメータ

●表面の状態

表面の状態の要求には、主として次の4つを指示する必要があります。
①表面の粗さ：切削加工、検索加工などによって生じる細かい凹凸
②表面のうねり：表面粗さより大きい間隔で起こる面の起伏
③筋目方向：表面の切削加工によって生じる筋目の方向
④除去加工の要否：機械加工により、部品や部材などの表層部除の要否
上記4つを総称して**面の肌**といいます。

●表面粗さ

表面性状の特性を、触針式表面粗さ測定器などを用いて直接測定し、得られた輪郭曲線を元にしてパラメータ表示する方式を**輪郭曲線方式**といいます。

表面粗さを表すパラメータは、粗さ曲線の輪郭曲線に対して定義されています。図5-1-1に例として算術平均粗さについて示します。加工表面は、その断面を拡大して見てみると、概ね図に示すように連続した凹凸となっています。これを**断面曲線**といいます。

この断面曲線から所定の波長よりも長い表面うねりの成分を除いた曲線を**粗さ曲線**といいます。粗さ曲線からその平均線の方向にある長さ（**基準長さ**という）を抜き取り、平均線方向をX軸、縦倍率の方向をY軸としたとき、粗さ曲線を y=f(x) で表し、次の式（l：基準長さ）で算出される値をマイクロメートル（μm）で表したものを**算術平均粗さ**（Ra）といいます。

$$Ra = \frac{1}{l}\int_0^l |f(x)|dx$$

表5-1-1に粗さパラメータを示します。十点平均粗さは、JISだけの記号で、国際規格（ISO 4287:1997）からは削除された粗さパラメータです。しかし、わが国においては広く普及しているので、知っておく必要があるでしょう。一般に、算術平均粗さが広く使われています。

図 5-1-1　算術平均粗さ

加工断面

断面曲線

表面うねり

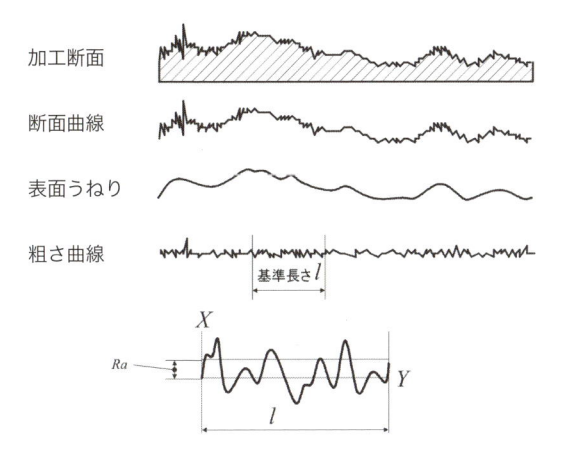

粗さ曲線　基準長さ l

Ra, X, Y, l

表 5-1-1　粗さパラメータ

JIS B 0601：2001 のパラメータ	JIS B 0601：2001 の記号	備考
輪郭曲線の最大山高さ	Pp	
輪郭曲線の最大谷深さ	Rv	
輪郭曲線の最大高さ（最大高さ粗さ）	Rz	
輪郭曲線要素の平均高さ	Rc	
輪郭曲線の最大断面高さ	Rt	
輪郭曲線の算術平均高さ（算術平均粗さ）	Ra	
輪郭曲線の二乗平均平方根高さ（二乗平均平方根粗さ）	Rq	
輪郭曲線のスキューネス	Rsk	
輪郭曲線のクルトシス	Rku	
輪郭曲線要素の平均長さ	RSm	
輪郭曲線の二乗平均平方根傾斜	RΔq	
輪郭曲線の負荷長さ率	Rmr(c)	旧 JIS の tp
輪郭曲線の切断レベル差	Rδc	
輪郭曲線の相対負荷長さ率	Rmr	
十点平均粗さ	RzJIS	旧 JIS の Rz

5・表面の表し方

5-2 表面性状の表し方と指示

●図記号の形状および寸法

　面の肌を指示するには、図面の対象面に面の指示記号または面の指示記号と指示事項を付記します。表5-2-1に要求事項がない場合の記号を示します。

表 5-2-1　要求事項がない場合の図示記号

記号	意味
∨	基本図式記号。意味が「検討中の表面」の場合、または「注記」に特別な説明がされている場合にだけ、この図示記号を単独で用いることができる。
∀	表面性状の要求事項がついていない除去加工の図示記号。意味が「除去加工を必要とする表面」の場合にだけ、この図示記号を単独で用いることができる。
∨○	除去加工をしない表面の図示記号。前加工が除去加工であっても、他の方法であっても、それには関係なく前加工で得られたままの表面にすることを指示するために、この図示記号を図面に用いることができる。

　また、表面性状の要求事項を指示する場合の図示記号を図5-2-1に示します。

　必要に応じて、図5-2-2に示すように、カットオフ値（注1）、基準長さ（高域フィルタのカットオフ値）、評価長さ（注2）、加工方法、筋目方向（表5-2-2参照）などを記入します。図5-2-3に指示例を示します。

注1：算術平均粗さは、電気的な触針式粗さ計によって直接測定されるが、測定器では断面曲線から所定の波長以上の表面うねりの成分を除くしきい値を設定するようになっている。この波長をカットオフ値という。
注2：表面粗さの評価には、評価長さを用い、その標準値は基準長さの5倍とする。

図 5-2-1　算術平均粗さの図示

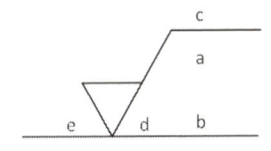

a：通過帯域または基準長さ、表面性状パラメータ
b：複数パラメータが指示されたときの2番目以降のパラメータ指示
c：加工方法
d：筋目とその方向
e：削り代

a 以外は必要に応じて記入

Ra の標準数列（μm）	
0.012	1.60
0.025	3.2
0.050	6.3
0.100	12.5
0.20	25
0.40	50
0.80	

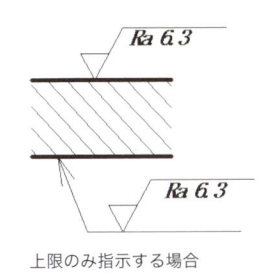

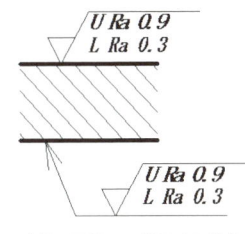

Ra 6.3　　上限のみ指示する場合

U Ra 0.9
L Ra 0.3　　上限・下限のみ指示する場合

図 5-2-2　表面性状の図示例

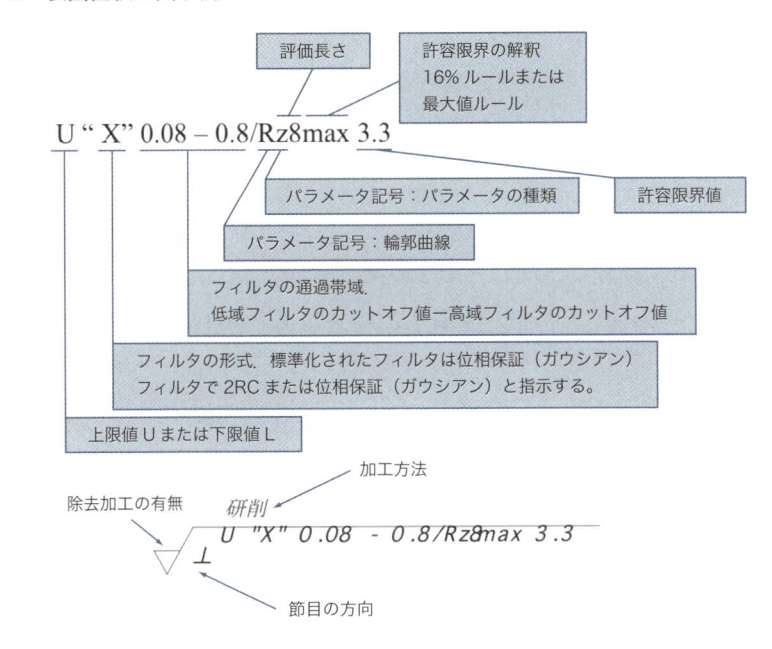

U "X" 0.08 − 0.8/Rz8max 3.3

- 評価長さ
- 許容限界の解釈　16% ルールまたは最大値ルール
- パラメータ記号：パラメータの種類
- 許容限界値
- パラメータ記号：輪郭曲線
- フィルタの通過帯域，低域フィルタのカットオフ値−高域フィルタのカットオフ値
- フィルタの形式．標準化されたフィルタは位相保証（ガウシアン）フィルタで 2RC または位相保証（ガウシアン）と指示する。
- 上限値 U または下限値 L

研削　加工方法
U "X" 0.08 − 0.8/Rz8max 3.3
除去加工の有無
節目の方向

5・表面の表し方

表 5-2-2 筋目方向の記号

記号	説明および解釈	
=	節目の方向が、記号を指示した図の投影図に平行 例：形削り面、旋削面、研削面	
⊥	節目の方向が、記号を指示した図の投影図に直角 例：形削り面、旋削面、研削面	
X	節目の方向が、記号を指示した図の投影図で斜めに2方向に交差 例：ホーニング面	
M	節目の方向が、多方向に交差 例：正面フライス削り面、エンドミル削り面	
C	節目の方向が、記号を指示した面の中心に対して、ほぼ同心円状 例：正面旋削面	
R	節目の方向が、記号を指示した面の中心に対して、ほぼ放射状 例：端面研削面	
P	節目の方向が、粒子状のくぼみ、無方向または粒子状の突起 例：放電加工面、超仕上げ面、プラスチング面	

備考　これらの記号によって、明確に表すことのできない節目模様が必要な場合には、図面に「注記」としてそれを指示する。

図 5-2-3 算術平均粗さ指示の例

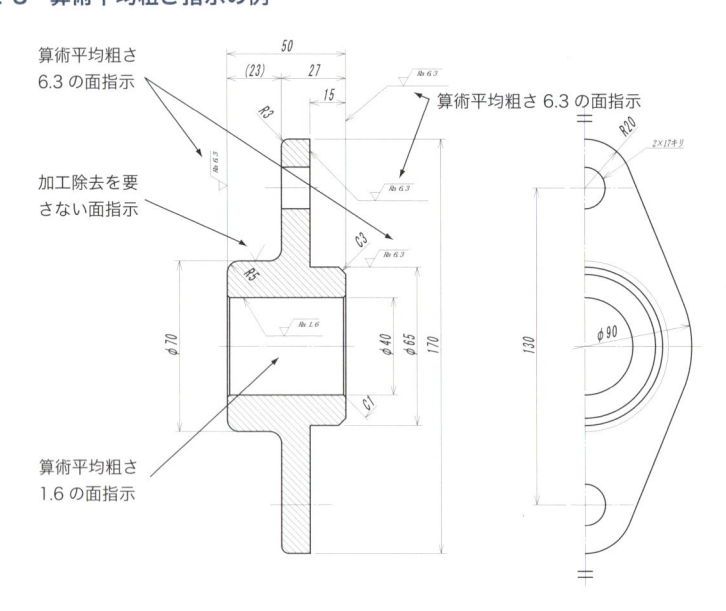

5-3 硬さの表し方

●表面の硬さの指示

表面の機械的性質は製品の性能に大きく影響を与えるので重要です。特に、軸や軸受などの摺動部には、硬い材質が求められます。材料自体に所望の硬さがない場合、表面処理などをして表面硬化させます。表面の硬さの指示には、硬さ試験による評価結果を注記として次の例のように表記します。

［例］
　注1：熱処理施行のこと
　　　・固溶化熱処理　1020〜1060℃　急冷
　　　・固溶加熱処理後　析出硬化熱処理のこと　470〜490℃　空冷
　　　・HB300以上のこと
　注2：熱処理後、$\sqrt{Ra\,0.2}$ 面を仕上げ加工のこと

硬さの定義には評価方法によりいろいろなものがありますが、機械設計において一般的用いられているのは、ビッカース硬さ、ブリネル硬さ、ロックウェル硬さ、ショア硬さなどで、ビッカース硬さがよく用いられます。それぞれの硬さの定義および記号を表5-3-1に示します。

表 5-3-1　硬さの記号と意味

硬さの名称	記号	定義
ビッカース硬さ	HV	球を押し込み、圧痕表面積で試験荷重を割って算出。
ブリネル硬さ	HB	四角錐を押し込み、圧痕表面積で試験荷重を割って算出。
ロックウェル硬さ	HR	円錐または鋼球を試験荷重を加え押し込んだ後、基準荷重に戻したときのくぼみの深さの差。
ショア硬さ	HS	先端にダイヤモンド半球を取り付けたハンマーを用い、ハンマーを落とした時の跳ね返り高さを元の高さで割って算出。

5-4 滑り軸受の面肌を表す

●軸受隙間と表面粗さの関係を考えて表記

　一般に、すべり軸受は転がり軸受に比べて耐久性に優れています。もちろん設計次第では耐久性が悪いすべり軸受も存在しますが、理論的には転がり軸受はすべり軸受に比べて耐久性が悪く、例えば、10年間メンテナンスをせずに良好に機能し続ける転がり軸受を用意するのは難しいでしょう。

　すべり軸受は、図5-4-1に示すように軸と軸受の隙間に存在する潤滑油による油膜が軸を支えています。油膜の厚さは数ミクロンで、この油膜の厚さを良好に保たないと軸と軸受が直接接触して、焼き付いてしまう可能性が高くなります。このメカニズムを4種類に分類すると、表5-4-1のようになります。

図5-4-1　滑り軸受のメカニズム

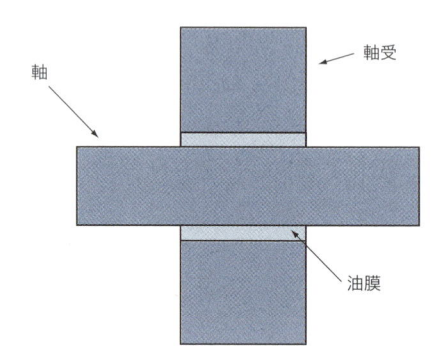

　滑り軸受では、油膜厚さを適正に保つように、摺動部にはしかるべき量の給油をする必要があります。十分な給油を確保できない場合には、直接接触しても焼き付きにくく、摩耗が少なくて疲労強度が高い材料を用います。流体潤滑以外の潤滑では、摩耗は少なからず発生するので、密閉形圧縮機のように微細なゴミを許さない機械には用いることはできません。

　また、油膜の厚さは、給油量だけではなく、軸にかかる負荷や周囲の温度

表 5-4-1　滑り軸受の潤滑状態

潤滑の種類	状態	主な軸受材料	主な用途
境界潤滑	油膜が存在はしているが、非常に薄く、軸と軸受が直接接触した状態（固体接触状態）、摩擦係数は大きく、軸受の設計では基本的にこの潤滑にならないようにする。	含油焼結金属、含油黒鉛	自動車、家電品、AV機器、OA機器、工作機械
流体潤滑	油膜に発生する圧力によって、軸と軸受の両表面が完全に分離された状態。長時間の摺動に対しても表面は全く摩耗することはなく理想的な潤滑状態である。	鋳鉄、りん青銅、鉛青銅、ケルメット、ホワイトメタル、アルミ合金など	回転機械全般（発電機、タービン、圧縮機、送風機など）、工作機械、情報機器、AV機器、自動車
混合潤滑	境界潤滑と流体潤滑の中間に相当し、軸および軸受の表面粗さ潤滑油膜の厚さがほぼ等しい状態。固体接触状態と流体潤滑が混在しており、固体接触部と油膜の膜厚で荷重を支えることになる。摩擦係数は大きく、流体潤滑領域が大きくなるにつれて低下する。	樹脂、鋳鉄、りん青銅、鉛青銅、黒鉛	射出成型器、自動車、印刷機械
固体潤滑	潤滑油を使用せずに、低摩擦材や自己潤滑性のある材料を軸や軸受の表面に被覆して用いる。	四フッ化エチレ(PTFE)、ポリアミド(PA)、フェノール(PF)、鉛、スズ、亜鉛、金、銀	AV機器、OA機器、家電品、自動車部品など

によっても変わります。最適な油膜を実現するためには、軸と軸受の隙間を適切に作る必要があります。油膜の厚さは耐久性や信頼性に大きな影響を与えるので、その隙間の管理は極めて重要です。

　実際には、潤滑油の温度と粘度、加わる軸受負荷荷重などにより適切な軸と軸受の隙間を設定します。図 5-4-2 に示すように、この隙間が流体潤滑となるように、軸や軸受の表面粗さを設定して図中に表記します。図 5-4-3 に、滑り軸受の図の例を示します。

図 5-4-2　軸受隙間と表面粗さ

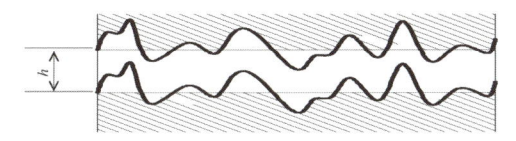

h>>R

h：軸受隙間
R：表面粗さ

図 5-4-3　滑り軸受の例

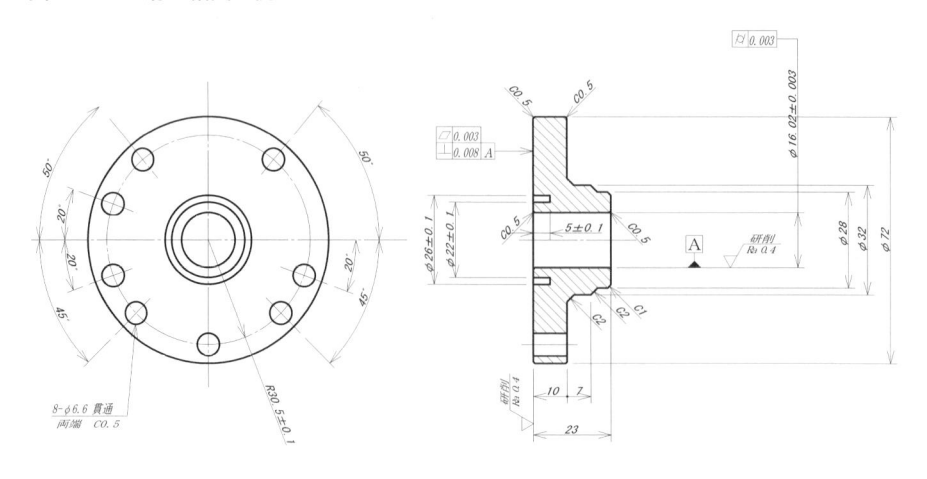

注：表面粗さの評価には評価長さを用い、その標準値は基準長さの5倍とする。

> ⚠️ **いろいろな表面性状指示の方法**
>
> 　基本的に表面性状の図示記号は指示する面に接するか、また、指示する面に矢印で接する引出線につながった引出補助線に接するように記入します。しかし、図が込み入っているときや、明確な指示表記が難しいときなど、これらの方法で記入できない場合には、引出線や外形線の延長線に接するように記入することができます。また、寸法補助線に接するか、寸法補助線に矢印で接する引出線につながった引出補助線に接するように記入しても良いことになっています。

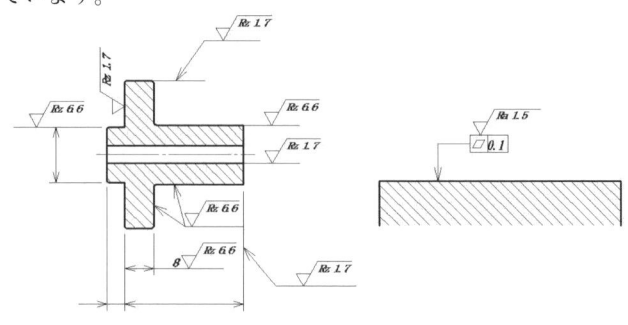

5-5 表面性状の指示をまとめて表す

●簡略図示と参照指示

大部分が同じ表面性状である場合の**簡略図示**の例を図 5-5-1 に示します。表面性状の要求事項は、図面の表題欄の傍ら、主投影図傍らまたは参照番号の傍らに置きます。

また、表面性状の要求事項を繰り返し指示することを避ける場合、例えば指示スペースが限られた場合などは、文字付き図示記号によってまとめて表示することができます。指示スペースが限られた場合の表面性状の**参照指示**の例を図 5-5-2 に示します。

図 5-5-1 大部分が同じ表面性状である場合（簡略図示の例）

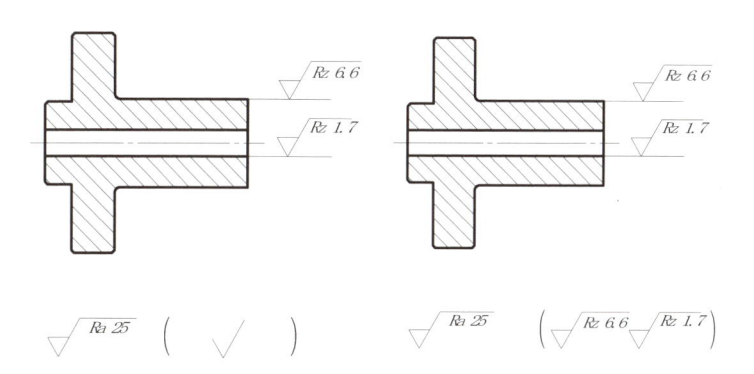

図 5-5-2 指示スペースが限られた場合（表面性状の参照指示の例）

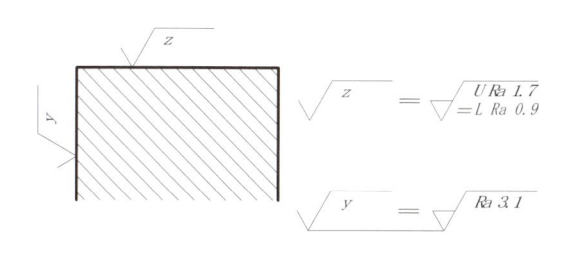

5-6 旧 JIS による表面粗さの表し方

●改訂 JIS への対処

　本書でもたびたび旧 JIS の表記について触れてきましたが、JIS は数年おきに改訂をしていて、表記方法も見直されます。これらのほとんどは、曖昧さをなくし、より明確な表記にするべく検討された結果でしょう。

　しかし、ソフトウエアのバージョンアップとは違って、規格が変わったからといっても、現場ですぐにすべて新しい規格に移行できるわけではありません。また、過去の膨大な図面の財産を、その都度書き換えることも現実的ではありません。JIS 改訂は、必要最少限にしてほしいというのが本音です。

　さて、過去の図面を参照したり、現場とのコミュニケーションを円滑に行ったりするためにも、JIS が改訂されたら、そのひとつ前の旧表記は確認しておいたほうがよさそうです。自ら新たに起こす図面は新 JIS で描き、同時に旧 JIS による図面も読解できることが求められます。

　図 5-6-1 に、参考のために、旧 JIS による表面性状の表し方を示しておきます。

図 5-6-1　旧 JIS による表面性状の表し方

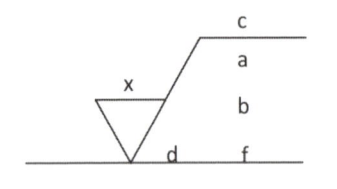

x：Ra の値
a：Ra 以外の粗さの値
b：カットオフ値および（または）基準長さ
c：加工方法
d：筋目およびその方向
f：表面うねり

a 以外は必要に応じて記入

5-7 表面性状を表すルール

　表面性状を表すパラメータは標準ルールとして、許容限界値の上限を指示します。両側許容限界値または、片側限界値の下限で指示する場合は、図 5-2-1 で示しましたように、それぞれのパラメータの記号の前に上限値は U、下限値は L を付記します。さて、表面性状の指示記号があった場合、パラメータの測定値が許容限界を満たしているかどうかを判断しなければなりません。この判断に適用するルールとして、**16%ルール**と**最大値ルール**があります。図 5-7-1 に表面性状の適用例を示します。

● 16% ルール

　パラメータの測定値のうち、許容限界値を超える数が 16% 以下であれば、この表面は要求値を満たすと判断するルールです。標準的には 16% ルールが適用されます。

● 最大値ルール

　対象面の全域で求めたパラメータの測定値が、ひとつでも許容限界値を超えてはならないとするルールです。このルールが適用されているときは、パラメータの後ろに max を付記して表示します。

図 5-7-1　表面性状の適用例

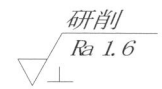

```
      研削
     Ra 1.6
```
算術平均粗さ：Ra=1.6μm
標準ルール（16%ルール）適用
通過帯域：標準
評価長さ：標準
加工方法：研削
節目方向：ほぼ投影面に直角

```
    Rzmax0.4
```
最大高さ粗さ：Rz=0.4μm
最大値ルール適用
通過帯域：標準
評価長さ：標準
加工方法：除去加工しない
節目方向：要求なし

```
   U0.008-4/Ra 50
   L0.008-4/Ra 6.3
```
算術平均粗さ：上限値 Ra=50μm
　　　　　　　下限値 Ra=6.3μm
標準ルール（16%ルール）適用
通過帯域：0.008-4mm
評価長さ：標準
加工方法：要求なし
節目方向：要求なし

5-8 加工法と表面粗さ

●加工法と表面粗さの目安

図面には表面性状を指示する箇所がいくつも出てきます。では、実際に製作したときに、その表面性状はどのようになっているのでしょうか。

図5-8-1に加工法と表面粗さの関係を示します。概ね、この図を目安に指示するとよいでしょう。ただし、表面粗さが小さくなるほど加工にかかるコストが高くなり、時間が長くなります。過剰な指示をしないことが肝心です。

図 5-8-1　加工法と表面粗さの関係

加工方法		表面粗さ Rz 0.1	0.2	0.4	0.8	1.6	3.2	6.3	12.5	25	50	100
鍛造	鋳造						◎◎	◎◎	◎	◎	○	○
	ダイカスト						◎	◎				
塑性加工	鍛造						◎◎	◎◎	◎	○	○	○
	熱間圧延						◎	◎	○	○	○	○
	冷間圧延			◎◎	◎	○	○	○				
	引抜き					◎	◎	○	○			
	押出し					◎	◎	○	○			
	転造			◎◎	◎	○	○					
切削加工	旋削	◎◎	◎◎	◎	◎	◎	○	○	○	○	○	○
	中ぐり					◎◎	◎◎	◎	○	○	○	○
	平削り				◎	◎	◎	◎	○	○	○	○
	形・立削り						◎	○	○	○	○	○
	正面フライス削り				◎◎	◎◎	◎	◎	○	○	○	○
	平フライス削り						◎	◎	◎	○	○	○
	穴あけ						◎	◎	○	○	○	
	リーマ仕上げ				◎◎	◎◎	◎	◎	○	○		
	ブローチ仕上げ				◎◎	◎◎	◎	◎	○	○		
	シェービング仕上げ					◎	◎	○	○			
砥粒加工	円筒研削	◎◎	◎◎	◎	◎	◎	○	○	○	○		
	内面研削			◎◎	◎	◎	◎	○	○	○		
	ホーニング仕上げ	◎◎	◎◎	◎	◎	◎	○	○				
	超仕上げ	◎◎	◎◎	◎	○	○						
	ラッピング仕上げ	◎◎	◎◎	◎	○	○						

◎◎：仕上げ　　◎：中仕上げ　　○：普通仕上げ

第6章

寸法公差の表し方

　機械部品を加工するとき、図面中に直径40mmの丸棒を加工するように指示された場合、どこまで加工したらよいでしょう。40.000000と無限に追求して加工することは現実的に不可能です。39.9mmや40.35mmではよいのでしょうか。これらは小数点第一位で四捨五入すればいずれも40mmになります。実際に加工を行うと、図面中に40mmと指定されていても、加工機や作業者の能力などによって39.95mmや40.02mmになったりします。このような許容される寸法の範囲を指定する方式が寸法公差方式です。本章では、寸法公差の基礎を理解しましょう。

6-1 寸法公差とその表し方

●寸法公差とは

　部品を製作するとき、実寸法は必ず誤差を生じてしまいます。しかし、実際にはその誤差がある範囲内であれば、その部品の使用上において、あるいは機能上において支障がない場合が多いのです。この誤差範囲を必要以上に厳しくすれば、精密加工が要求され、多大な時間と費用がかかることになります。

　したがって、機能上問題ない範囲で許容し得る寸法の範囲を指定する必要があるのです。この範囲を**寸法公差**といいます。また、実寸法（実際にできあがったときの寸法）を寸法公差内にあるようにする方式を**寸法公差方式**といいます。

　この許容し得る寸法の範囲の上限値を**最大許容寸法**、下限値を**最小許容寸法**といい、この二つの限界を示す寸法を**許容限界寸法**といいます。加工の際に基準となる寸法を**基準寸法**といい、これに対して設定された最大許容寸法、最小許容寸法から基準寸法を差し引いたものをそれぞれ上の**寸法許容差**、下の寸法許容差といいます（図6-1-1）。寸法公差の大きさは、製作しようとする部品の大きさ、機能あるいは仕上げの精粗によって決められます。

● JISによる表し方

　JISにおいては、ISO方式のIT基本公差が寸法公差を表す方法として定められています。IT基本公差の等級は、寸法公差の値の小さいものから1級、2級、3級‥‥18級というように公差等級を表しています。実際には等級の数字の前にITをつけて、IT1、IT2、IT3‥‥IT18のように表します。表6-1-1にIT基本公差等級の一部の数値を示します。IT基本公差の等級は、寸法公差実現の困難度を示しています。

　例：直径80mm、IT基本公差の等級：IT6の場合

　　　　寸法公差は22μmとなる。

例：直径 80mm、IT 基本公差の等級：IT 7 の場合
　　寸法公差は 35 μm となる。

図 6-1-1　寸法公差

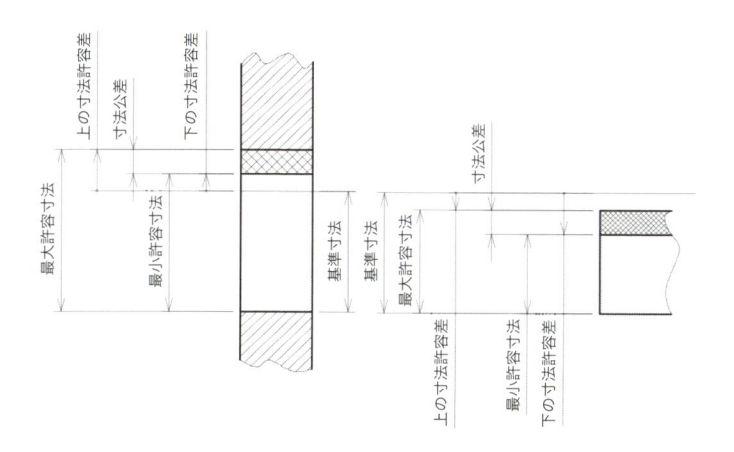

表 6-1-1　IT 基本公差の公差等級の数値（抜粋）

基準寸法 [mm]		公差等級																
		IT1	IT2	IT3	IT4	IT5	IT6	IT7	IT8	IT9	IT10	IT11	IT12	IT13	IT14	IT15	IT16	IT17	IT18
を超え	以下	公差 [μm]											公差 [mm]						
—	3	0.8	1.2	2	3	4	6	10	14	25	40	60	0.1	0.14	0.25	0.4	0.6	1	1.4
3	6	1	1.5	2.5	4	5	8	12	18	30	48	75	0.12	0.18	0.3	0.48	0.75	1.2	1.8
6	10	1	1.5	2.5	4	6	9	15	22	36	58	90	0.15	0.22	0.36	0.58	0.9	1.5	2.2
10	18	1.2	2	3	5	8	11	18	27	43	70	110	0.18	0.27	0.43	0.7	1.1	1.8	2.7
18	30	1.5	2.5	4	6	9	13	21	33	52	84	130	0.21	0.33	0.52	0.84	1.3	2.1	3.3
30	50	1.5	2.5	4	7	11	16	25	39	62	100	160	0.25	0.39	0.62	1	1.6	2.5	3.9
50	80	2	3	5	8	13	19	30	46	74	120	190	0.3	0.46	0.74	1.2	1.9	3	4.6
80	120	2.5	4	6	10	15	22	35	54	87	140	220	0.35	0.54	0.87	1.4	2.2	3.5	5.4
120	180	3.5	5	8	12	18	25	40	63	100	160	250	0.4	0.63	1	1.6	2.5	4	6.3
180	250	4.5	7	10	14	20	29	46	72	115	185	290	0.46	0.72	1.15	1.85	2.9	4.6	7.2
250	315	6	8	12	16	23	32	52	81	130	210	320	0.52	0.81	1.3	2.1	3.2	5.2	8.1
315	400	7	9	13	18	25	36	57	89	140	230	360	0.57	0.89	1.4	2.3	3.6	5.7	8.9
400	500	8	10	15	20	27	40	63	97	155	250	400	0.63	0.97	1.55	2.5	4	6.3	9.7
500	630	9	11	16	22	32	44	70	110	175	280	440	0.7	1.1	1.75	2.8	4.4	7	11
630	800	10	13	18	25	36	50	80	125	200	320	500	0.8	1.25	2	3.2	5	8	12.5
800	1000	12	15	21	28	40	56	90	140	230	360	560	0.9	1.4	2.3	3.6	5.6	9	14

●寸法公差の記入方法

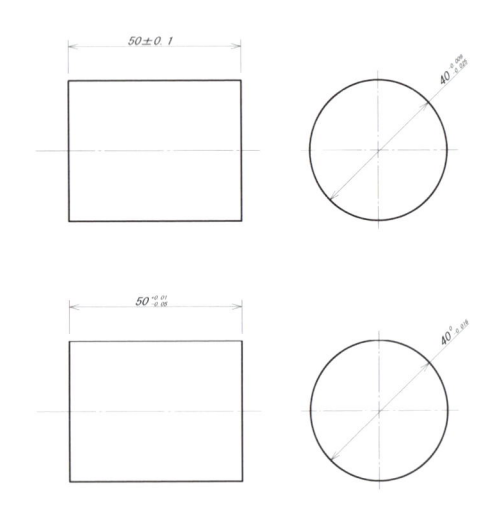

　寸法公差の記入方法は、図6-1-2に示すように、寸法値の右に上付きで最大許容寸法値、下付きで最小許容寸法値を記入します。また、最大許容寸法値と最小許容寸法値の符号のみが違って絶対値が同じ場合は、寸法値の右に「±」で表記してもよいことになっています。また、最大許容寸法値あるいは最小許容寸法値が「0」の場合は、符号を省略してもよいことになっています。

図 6-1-2　寸法公差の記入方法

> **!** できあがった製作物の寸法がひとりでに変わる !?
>
> 　材料は温度の上昇および下降により伸びたり縮んだりする性質があります。材料の伸び量と温度は比例関係があり、その比例定数は材料の線膨張係数といい、材料によって決まった値になります。図面に謳った寸法公差で作ったはずが、納品後に改めて寸法計測してみると寸法が違っているなんてことが起こります。さてさて、寸法を測った室温は何度だったでしょうか。ミクロンオーダーの寸法管理ですので、温度にも気をつけなければならないのです。

6-2 寸法の普通公差とその表し方

●普通公差とは

図面の寸法表記は、原則として許容限界寸法を示します。しかし、機能上特に要求されない箇所について、個々の寸法箇所には記入せず、一括して指示することができます。このような寸法許容差を**寸法の普通公差**といいます。

JIS では、長さ寸法（JIS B 0405）、角度寸法（JIS B 0405）、鋳造品（JIS B 0403）、金属プレス加工品（JIS B 0408）、金属板せん断加工品（JIS B 0410）などについて、寸法の普通公差を規定しています。表 6-2-1 に面取り部分を除く長さ寸法に対する許容差を示します。普通公差を図面に一括して指示するには、次の①〜③の方法があります。

表 6-2-1　面取り部分を除く長さ寸法に対する許容差[15]

公差等級		公差等級							
記号	説明	0.5以上 3以下	3を超え 6以下	6を超え 30以下	30を超え 120以下	120を超え 400以下	400を超え 1000以下	1000を超え 2000以下	2000を超え 4000以下
		許容差							
f	精級	±0.05	±0.05	±0.1	±0.15	±0.2	±0.3	±0.5	−
m	中級	±0.1	±0.1	±0.2	±0.3	±0.5	±0.8	±1.2	±2
c	粗級	±0.2	±0.3	±0.5	±0.8	±1.2	±2	±3	±4
v	極粗級	−	±0.5	±1	±1.5	±2.5	±4	±6	±8

①各寸法の区分に対する普通公差の数値の表を示す。
②適用する規格番号、公差等級などを示す。
　例：表題欄またはその付近に下記のように示す。
　　　「指示なき公差で切削加工の場合は、JIS B0405-m とする。」
③特定の許容差の値を示します。
　例：表題欄またはその付近に下記のように示す。
　　　「寸法許容差を指示していない寸法の許容差は ±0.25 とする。」

6-3 はめあいとその表し方

●はめあいとは

　軸と穴が互いにはまり合う関係を**はめあい**といいます（図6-3-1）。軸と穴の関係は寸法公差方式によって規定したはめあい方式によって決められます。

図 6-3-1　軸と穴の例

　穴と軸の関係において、軸の直径が穴の直径よりも大きい場合、両方の直径の差を**しめしろ**といいます（図6-3-2）。
　また、軸の直径が穴の直径よりも小さい場合は、両方の直径の差を**すきま**といいます。はめあいには、しめしろとすきまの関係から、次に示す3つの種類があります。

図 6-3-2　しめしろとすきま

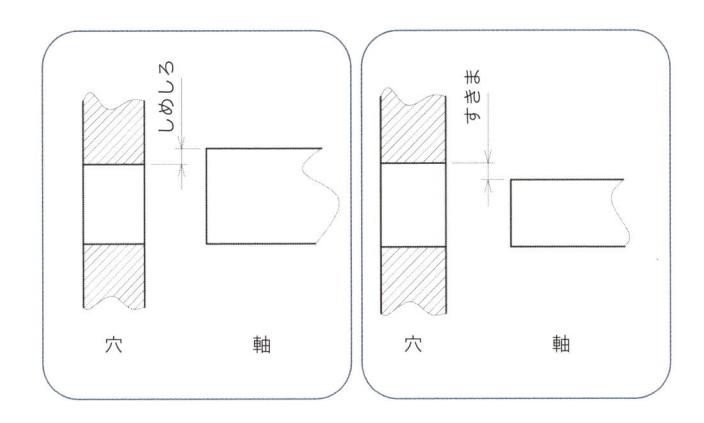

●しまりばめ

　穴の最大許容寸法より軸の最小許容寸法が大きい場合（等しい場合も含む）のはめあいです。常に穴と軸の間にしめしろがあります。軸の最大許容寸法から穴の最小許容寸法を引いた値を**最大しめしろ**といい、軸の最小許容寸法から穴の最大許容寸法を引いた値を**最小しめしろ**といいます（図6-3-3）。

図 6-3-3　しまりばめ

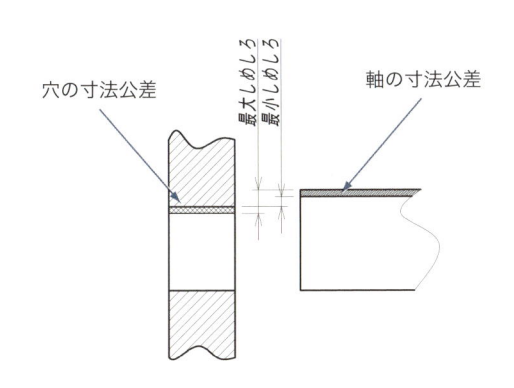

●すきまばめ

　穴の最小許容寸法より軸の最大許容寸法が小さい場合(等しい場合も含む)のはめあいです。穴と軸の間に必ずすきまがあります。穴の最小許容寸法から軸の最大許容寸法を引いた値を**最小すきま**、穴の最大許容寸法から軸の最小許容寸法を引いた値を**最大すきま**といいます（図6-3-4）。

図 6-3-4　すきまばめ

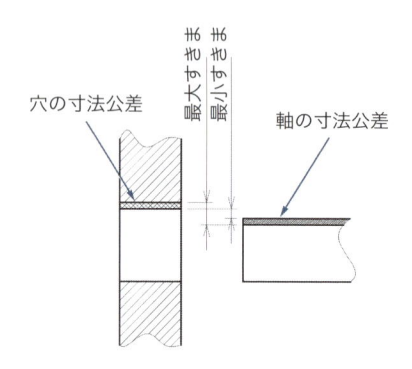

●中間ばめ

　穴の最小許容寸法より軸の最大許容寸法が大きく、しかも穴の最大許容寸法より軸の最小許容寸法が小さい場合のはめあいです。穴と軸の実寸法によって、しめしろができたり、すきまができたりします（図6-3-5）。中間ばめは、その軸と穴の機能を考えて、適切な組合せが選ばれます。

図 6-3-5　中間ばめ

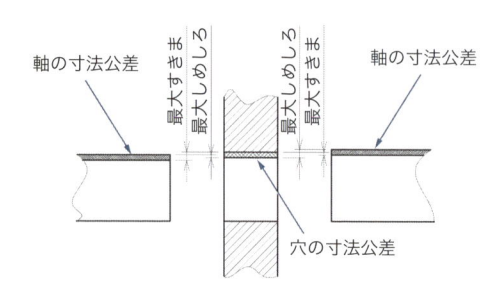

●はめあい方式による寸法の記入方法

　穴と軸における公差域(許容差)の位置を図6-3-6に示します。穴は大文字のアルファベット記号、軸は小文字のアルファベット記号で示します。記号の後ろに表6-1-1に示したIT基本公差の公差等級の数字を付加します。穴と軸の公差域クラスは、必要に応じてどのように組み合わせても良いですが、実用されるはめあいとして、多く用いられるはめあいの例があります。

図 6-3-6　はめあい方式による寸法許容差の記入例

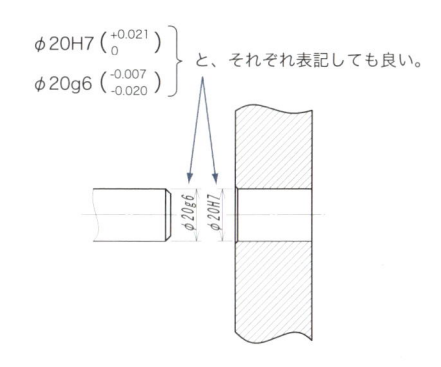

$\phi 20H7 \left(^{+0.021}_{0} \right)$
$\phi 20g6 \left(^{-0.007}_{-0.020} \right)$
と、それぞれ表記しても良い。

　はめあい方式による寸法の記入方法は、以下の例のように記入します。
例：軸の場合：「φ20g6」
　　→これはIT基本公差の公差等級がIT6である。
例：穴の場合：「φ20H7」
　　→これはIT基本公差の公差等級がIT7である。

6-4 穴基準はめあい　軸基準はめあい

●はめあい部の寸法を決める

　はめあい部の寸法を決めるには、穴と軸の公差域を考え適切な組合せにする必要があります。はめあい方式には、図6-4-1に示すように、穴と軸のどちらを基準とするかによって、穴基準はめあいと軸基準はめあいの2つのはめあい方式があります。

図 6-4-1　軸基準と穴基準のはめあい

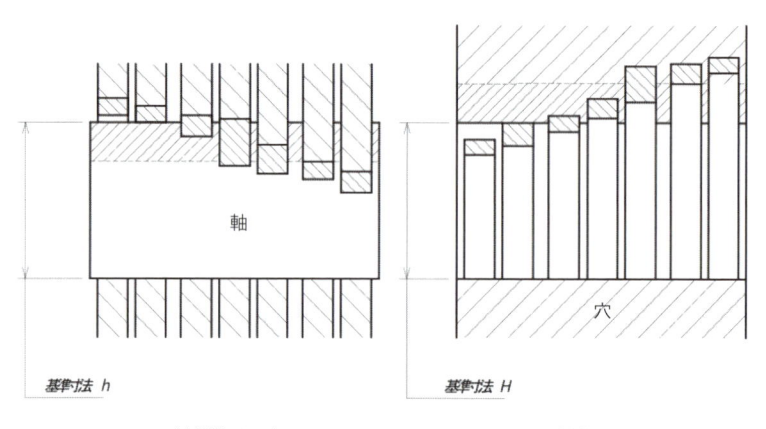

軸基準はめあい　　　　穴基準はめあい

　穴基準はめあい方式は、いろいろな公差を持った軸とひとつの公差域クラスの穴を組み合わせることで、必要なすきま、しめしろを得るはめあい方式です。基準として選んだ穴（**基準穴**といいます）には、最小許容寸法が基準寸法と等しいH穴（H記号の穴）を用います。
　軸基準はめあい方式は、いろいろな公差を持った穴とひとつの公差域クラスの軸を組み合わせることで、必要なすきま、しめしろを得るはめあい方式です。基準として選んだ軸（**基準軸**といいます）には、最小許容寸法が基準

寸法と等しいh軸（h記号の軸）を用います。

●どちらの方式を採用するか

　穴基準はめあい方式と軸基準はめあい方式のどちらを採用するかは、対象物の特性と設計者の意図に従って選択します。一般的には、穴より軸のほうが加工や計測が容易であるため、穴基準はめあい方式が多く採用されます。また、同軸上にいくつものはめあいが交互に連続する場合は、軸基準にしたほうが加工性がよいこともあります。

　図6-4-2に穴と軸がはめあいの状態にあるときの記入例を示します。図では、必要に応じて穴および軸に対するはめあい部の寸法公差記号を併記することができます。その際には、穴の寸法公差を上側に、軸の寸法公差を下側に記入します。また、必要に応じて、上・下の寸法許容差を（）を付けて併記してもよいことになっています。

図6-4-2　穴と軸がはめあいの状態にあるときの記入例

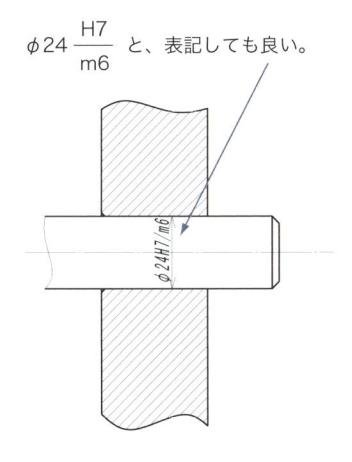

$\phi 24 \dfrac{H7}{m6}$　と、表記しても良い。

6-5 よく用いられるはめあいの組合せ

●工業界で多く用いられるはめあいの組合せ

多く用いられている穴基準はめあいの例を表6-5-1に示します。同じく軸基準はめあいの例を表6-5-2に示します。ひとつの製品で、穴基準と軸基準の両方のはめあい方式を用いたほうが有利な場合は、併用してもよいことになっています。表から適切な組合せを選べばよいでしょう。

表6-5-1 多く用いられる穴基準はめあい

基準穴	軸の公差域クラス															
	すきまばめ						中間ばめ			しまりばめ							
H6						g5	h5	js5	k5	m5						
				f6	g6	h6		js6	k6	m6	n6※	p6※	r6※	s6※	t6※	u6※	x6※
H7				f6	g6	h6		js6	k6	m6	n6	p6※				
			e7	f7		h7		js7								
H8				f7		h7										
			e8	f8		h8										
		d9	e9													
H9		d8	e8			h8										
	c9	d9	e9			h9										
H10	b9	c9	d9													

※これらのはめあいは、寸法の区分によっては例外を生じる。

表6-5-2 多く用いられる軸基準はめあい

基準穴	軸の公差域クラス															
	すきまばめ						中間ばめ			しまりばめ							
h5							H6	JS6	K6	M6	N6※	P6				
h6				F6	G6	H6		JS6	K6	M6	N6	P6※				
				F7	G7	H7		JS7	K7	M7	N7	P7※	R7	S7	T7	U7	X7
h7			E7	F7		H7										
				F8		H8										
h8		D8	E8	F8		H8										
		D9	E9			H9										
		D8	E8			H8										
h9		C9	D9	E9		H9										
	B10	C10	D10													

※これらのはめあいは、寸法の区分によっては例外を生じる。

6-6 高精度な加工

●寸法の入れ方で精度が決まる

穴のある部品の図を図6-6-1に示します。どちらも同じ位置に穴あけ加工をしますが、寸法の入れ方が違っています。さて、この違いは何でしょうか。

図6-6-1　穴位置の寸法表記の例

同じ穴位置でも寸法表記が異なる。

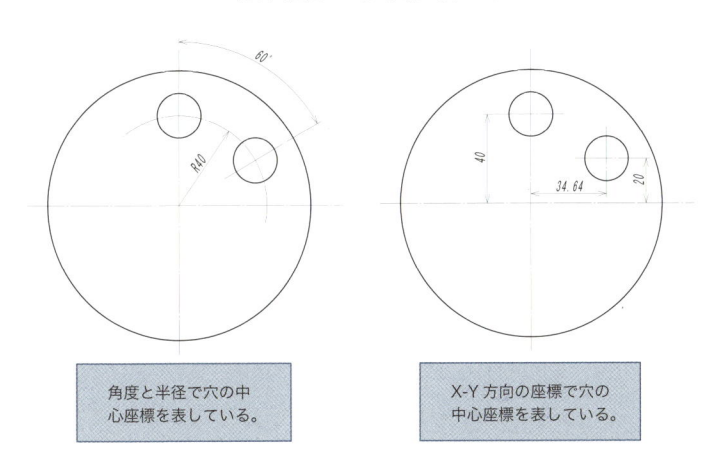

角度と半径で穴の中心座標を表している。

X-Y方向の座標で穴の中心座標を表している。

穴加工において穴の中心座標の精度が求められる部品の場合、穴の中心位置を角度寸法で表記するよりも、X,Y方向の長さ寸法で表記したほうが高精度に加工できる場合があります。

これは、加工機の仕様や基準面の取り方、材料の特性などによっても左右されます。少なくともどこを寸法表記して要求するかによって仕上がりが変わってくる可能性があることを知っておきましょう。したがって、製図をする際には、社内で取り扱う部品に関して考えられるすべての要因（部品の機能上必要な精度、加工機の仕様、基準面の取り方、材料特性など）から、寸法や寸法公差の表記の標準化を図っていく必要があるのです。

6-7 小数点以下の「0」の寸法値

●小数点以下の「0」も意味を持つ

　算数の世界では、「40」と「40.0」は同じに扱われています。これは、小数点以下の数字が「0」であるとき、この「0」は省略してもよいからです。「40」と「40.0」は、暗黙のうちに同じ数値を示しています。

　しかし、製図の世界では、大きく意味が変わってきます。図6-7-1に示すように直径40mmとしたいとき、「φ40.000」と表記すれば、それは1/1000ミリのオーダーで「0」を要求することを示します。つまり、「φ40.001」でも「φ39.999」でもなく「φ40.000」を求めていることになるのです。「φ40」や「φ40.0」のときは切削加工が可能でも、「φ40.000」となると、研磨しなくてはならなくなります。

　すると、加工の工数も多くなるし、それだけ製作時間もかかります。すなわち、コストが高くなることを意味するのです。製図の世界では、小数点以下の「0」も意味を持つのですから、必要ならばしっかりと「0」を記入しなくてはならないのです。

図6-7-1　寸法値の小数点以下の「0」の意味

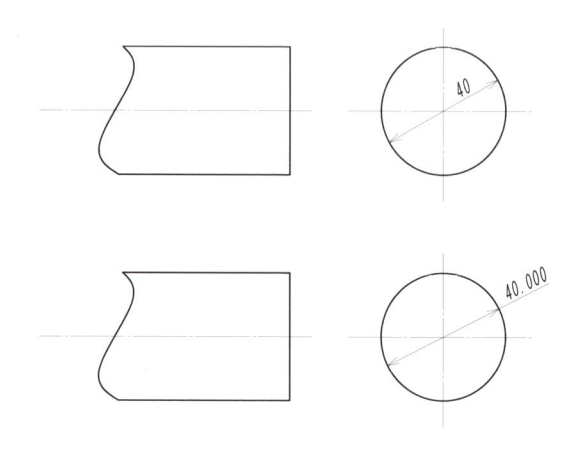

第7章

幾何公差の表し方

　近年の工業製品には高い品質が要求され、機械部品にも精密加工や高い組立精度が要求されます。また、製品生産のリードタイムの短縮、作業効率の改善のために、機械部品の幾何形状に関して精密さが要求されてきました。これらの実践には、寸法公差の他に、部品の形状、姿勢、位置の偏差や振れを指示する必要があります。機械部品は、加工機への取付け時や工具の形状による誤差などの要因から、幾何学的に完全な形体に仕上げることは不可能です。機械の機能上支障がない範囲内で、幾何学的に正しい形状や位置などから狂ってもよい領域を数値を幾何公差で示しています。

7-1 幾何公差とは

●幾何公差とは

　近年の工業製品には高い品質が要求される場合が多く、機械部品にも精密加工、高い組立精度が要求されます。これらを実践するには、寸法公差の他に、部品の形状、姿勢や位置の偏差、振れを指示する必要があります。機械部品は、加工機への取り付け時の誤差、工具の形状による誤差などさまざまな要因によって、幾何学的に完全な形体に仕上げることは不可能です。その機械の機能上支障がない範囲内で、幾何学的に正しい形状や位置などから狂ってもよい領域を数値で示したものを**幾何公差**といいます。

●幾何公差の種類と記号

　幾何公差には、真円度や真直度などのような単独で幾何公差を指定できる単独形体の幾何公差と、平行度や直角度のような公差域を設定するために、基準になる相手（**データム**という）に対して指定する関連形体の幾何公差があります。

　表7-1-1によく用いられる幾何公差の種類と記号を示します。どのような幾何公差を定義するかは設計者に委ねられますが、多くの幾何公差を入れるのではなく、必要なところにもれなく記入することが大事です。幾何公差を入れれば、それだけ検査が必要になりコストや納期にも影響が生じます。

表 7-1-1 主な幾何公差の種類と記号[16) 17)]

適用する形体	公差の種類		記号	定義
単独形体	形状公差	真直度公差	─	直線形体の幾何学的に正しい直線からの狂いの許容値。
		平面度公差	▱	平面形体の幾何学的に正しい平面からの狂いの許容値。
		真円度公差	○	円形形体の幾何学的に正しい円からの狂いの許容値。
		円筒度公差	⌭	円筒形体の幾何学的に正しい円筒からの狂いの許容値。
単独形体または関連形体		線の輪郭度公差	⌒	理論的に正確な寸法によって定められた幾何学的に正しい輪郭からの線の輪郭の狂いの許容値。
		面の輪郭度公差	⌒	理論的に正確な寸法によって定められた幾何学的に正しい輪郭からの面の輪郭の狂いの許容値。
関連形体	姿勢公差	平行度公差	//	データム直線またはデータム平面に対して平行な幾何学的に正しい直線または幾何学的に正しい平面からの平行であるべき直線形体または平面形体の狂いの許容値。
		直角度公差	⊥	データム直線またはデータム平面に対して直角な幾何学的に正しい直線または幾何学的に正しい平面からの直角であるべき直線形体または平面形体の狂いの許容値。
		傾斜度公差	∠	データム直線またはデータム平面に対して理論的に正確な角度を持つ幾何学的に正しい直線または幾何学的に正しい平面からの理論的に正確な角度を持つべき直線形体または平面形体の栗尾の許容値。
	位置公差	位置度公差	⌖	データムまたは他の形体に関連して定められた理論的に正確な位置からの点、直線形体、または平面形体の狂いの許容値。
		同軸度公差または同心度公差	◎	同軸度公差は、データム軸直線と同一直線上にあるべき軸線のデータム軸直線からの狂いの許容値。
				同心度公差は、データム円の中心に対する他の円形形体の中心の位置の狂いの許容値。
		対称度公差	⌰	データム軸直線またはデータム中心平面に関して互いに対称であるべき形体の対称位置からの狂いの許容値。
	振れ公差	円周振れ公差	↗	データム軸直線を軸とする回転体をデータム軸直線の周りに回転したとき、その表面が指定された位置または任意の位置において指定された方向に変位する許容値。
		全振れ公差	⌰	データム軸直線を軸とする回転体をデータム軸直線の周りに回転したとき、その表面が指定された方向に変位する許容値。

7-2 幾何公差の表し方

●公差記入枠

幾何公差の図示は、図 7-2-1 に示すような長方形枠（**公差記入枠**）を用いて記入します。

図 7-2-1　公差記入枠

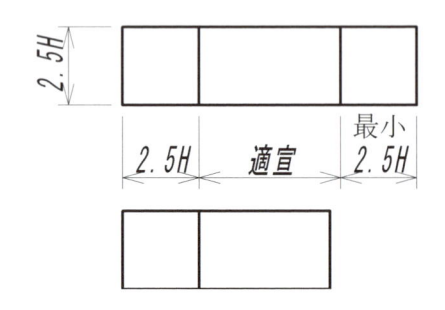

H は図面に記される寸法数字と同じ高さ

●幾何公差記入方法

　工作物の寸法に幾何的な公差領域を設け、実際の寸法がその領域に入るよう指示するために幾何公差を記入します。作業者はその公差域に入っていることを必ず精密に計測しながら仕上げます。やみくもに多くの幾何公差を記入すればよいということではなく、必要なところに適切に記入するようにします。不必要な幾何公差や重複した指示は、それだけコストや納期が多くかかってしまうし、作業者も混乱します。また、工作物の形状に幾何的拘束を考えた場合、違ういくつかの幾何公差の組合せでも、ほぼ同じ幾何的拘束を付与することができます。どこにどのような幾何公差を指示すればよいのかは、工作物の特性、社内の工作機械や計測機器の状況、コストや作業の便宜上の措置などいろいろな要因によって、設計者が決めていくようにします。

　実際の記入例を図 7-2-2 から図 7-2-7 に示します。

図 7-2-2　真円度公差の記入例

Φ32の円筒の軸線は、直径0.08mmの円筒内になければならない。

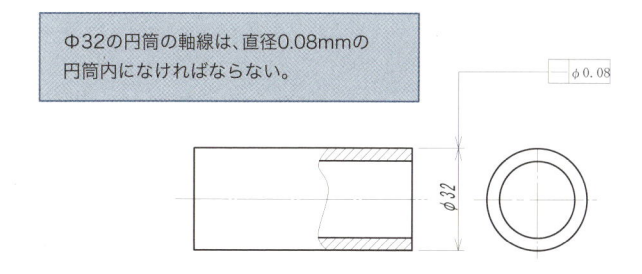

⌀0.08

⌀32

図 7-2-3　直角度公差の記入例

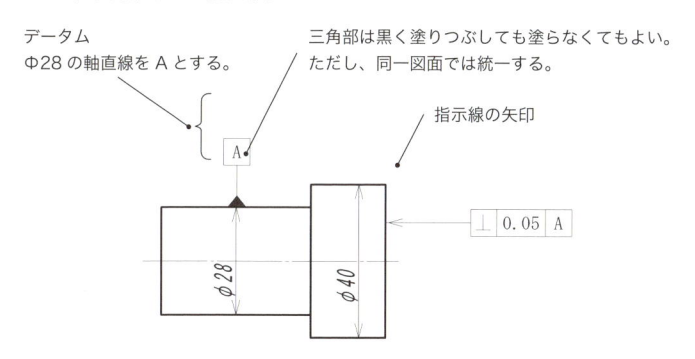

データム
Φ28 の軸直線を A とする。

三角部は黒く塗りつぶしても塗らなくてもよい。ただし、同一図面では統一する。

指示線の矢印

A

⌀28　⌀40

⊥ 0.05 A

指示線の矢印の示す面は、データム軸直線Aに垂直でかつ指示線の矢の方向に0.05mmだけ離れた二つの平行な平面の間になければならない。

図 7-2-4　円周振れ公差の記入例（その１）

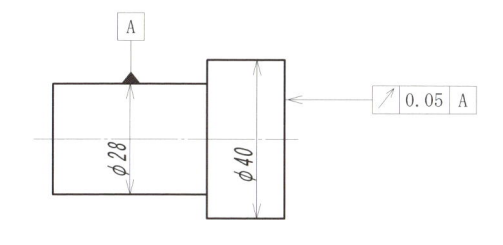

A

⌀28　⌀40

↗ 0.05 A

指示線の矢印で示す円筒側面の軸方向の振れは、データム軸直線A（φ28の軸直線）に関して一回転させたときに、任意の測定位置（測定円筒面）で0.1mmを超えてはならない。

7・幾何公差の表し方

図 7-2-5　円周振れ公差の記入例（その２）

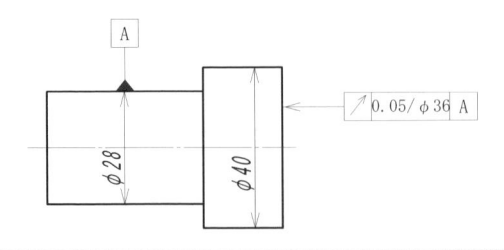

指示線の矢印で示す円筒側面の軸方向の振れは、データム軸直線A（φ28の軸直線）に関して一回転させたときに、φ36の測定位置（測定円筒面）で0.1mmを超えてはならない。

図 7-2-6　対称度公差の記入例

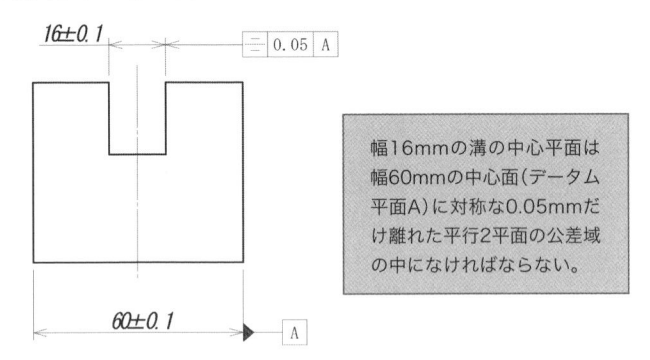

幅16mmの溝の中心平面は幅60mmの中心面（データム平面A）に対称な0.05mmだけ離れた平行2平面の公差域の中になければならない。

図 7-2-7　円筒度公差の記入例

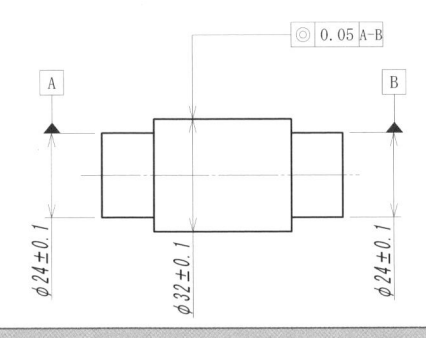

直径30mmの円筒の軸線は、直径20mmの両軸端の軸直線（データム軸直線A-B）に同軸の直径0.05mmの円筒公差域になければならない。

7-3 データの示し方

●データムとは

　寸法公差領域や幾何公差領域を設定するためやかこうなどにより必要となる基準になる相手を**データム**といいます。基準が軸直線の場合、**データム軸直線**といい、面の場合は**データム平面**などといいます。例えば、幾何公差において、平行度や直角度は、公差域を設定するために基準になる相手に対して指定する関連形体の幾何公差です。この場合の基準となる相手をデータムといいます。

　データムは、図7-3-1に示すように、英字の大文字を正方形で囲み、**データム三角記号**と呼ばれる三角形の記号を指示線で結んで示します。

図7-3-1　データム三角記号

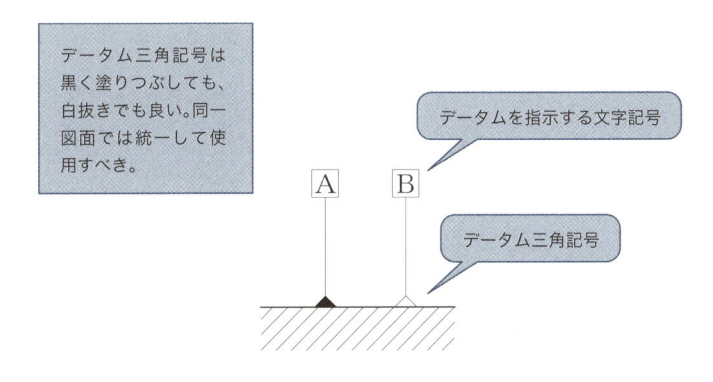

データム三角記号は黒く塗りつぶしても、白抜きでも良い。同一図面では統一して使用すべき。

データムを指示する文字記号

データム三角記号

公差付き形体に関連づけられるデータムは、データム文字記号を用いて示します。

　線または面自体にデータムを指定する場合には、図7-3-2に示すように、形状の外形線上または延長線上に寸法線の位置を明確に避けて、データム三角記号を描きます。

図 7-3-2　線または面を対象とするデータム

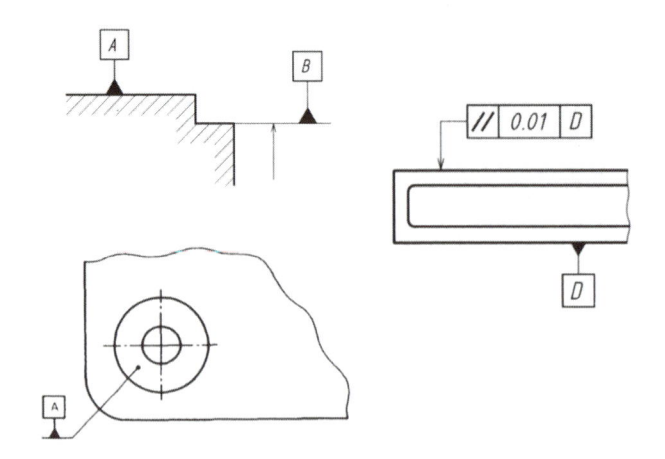

また、図 7-3-3 に示すように、寸法を指定してある形体の軸線をを対象としたときや、図 7-3-4 に示すように中心平面にデータムを指定する場合には、寸法線の延長にデータム三角記号を描くようにします。

図 7-3-3　軸線を対象とするデータム

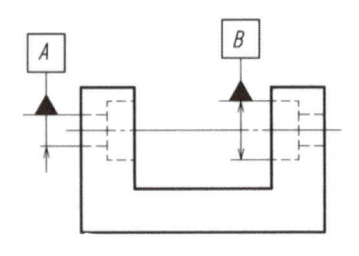

図 7-3-4　中心平面を対象とするデータム

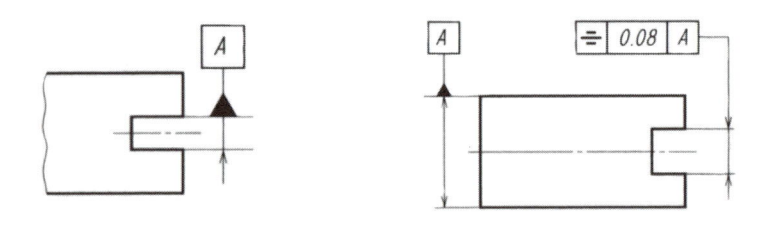

公差域を限定したい場合があります。図 7-3-5 は、寸法 100 のみ平行度の幾何公差を入れて規制しています。太い一点鎖線を用いて指示しています。

図 7-3-5　公差域を限定したい場合のデータム

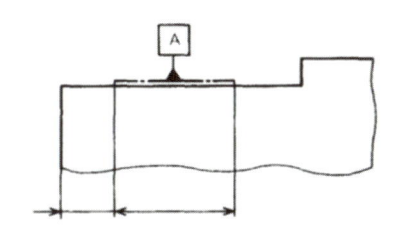

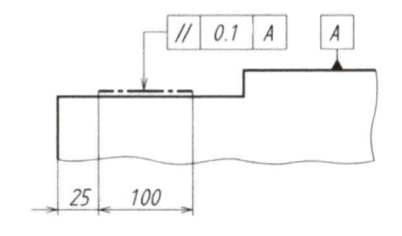

適用範囲を限定したい場合のデータム　　　　公差域を限定したいとき

図 7-3-6 は、公差を 2 つ以上の形体に適用する場合の例を示しています。この場合は、公差記入枠の上側に形体の数を「×」を用いて示します。公差が付けられていない寸法値を長方形で囲んでいる表記がありますが、これは理論的に正確な寸法を示しています。位置公差を形体に指定する場合、中心距離は理論的に正確な寸法で示されることを表しています。

図 7-3-6　位置度公差を指示する寸法の表し方

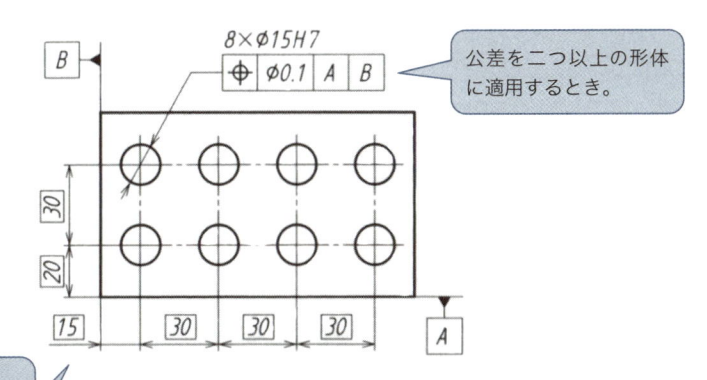

公差を二つ以上の形体に適用するとき。

理論的に正確な寸法は寸法数値を四角で囲んで指示する。

一般に、寸法公差と幾何公差は関連づけないで用いられるが、加工や組立の容易性から、これらを関連づけることがある。
寸法公差と幾何公差の間を関連づけて指示する公差方式を、最大実態公差方式といい、必要に応じて用いられる。

7-4 幾何公差の実例—軸の図面

●同軸度や円筒度などが表記される

　軸の図面の例を図7-4-1に示します。基本的な枠線と表題欄は所定の用紙に記載します。表題欄には、図番や日付などの他に、修正の履歴も記載できるようにするとよいでしょう。軸の材料はいろいろ考えられますが、ここでは材料記号FCD600という鋳鉄を用いています。軸は摺動部や場合によっては本図のように給油経路を設けます。

　本図の軸は滑り軸受を用います。したがって、軸受との摺動部は、研磨が必要になります。また、場合によってはm表面処理を施して摺動部を硬化させる必要があるでしょう。ここでは、部品全体の表面を窒化する処理（パーコ処理）を指示しています。

　軸は、回転機械では背骨といわれるように、大変重要な部品です。したがって、加工には相当の配慮が必要です。同軸度や円筒度などの幾何公差が表記されます。また、軸を加工する素材はできる限り標準数列を参考とした素材から製作できるようにします。削り代が多くなればそれだけコストが高くなります。断面図は、必要な断面箇所に記号を表記し、できるだけその傍らに断面図を描きます。詳細図においても同様で、必要に応じて、拡大図にするなどの配慮が必要です。

　なお、本図ではまだ、寸法足らず、断面図不足などにより加工できない指示がいくつかあります。考えてみてください。

図7-4-1　軸の図面の例（次頁）

7・幾何公差の表し方

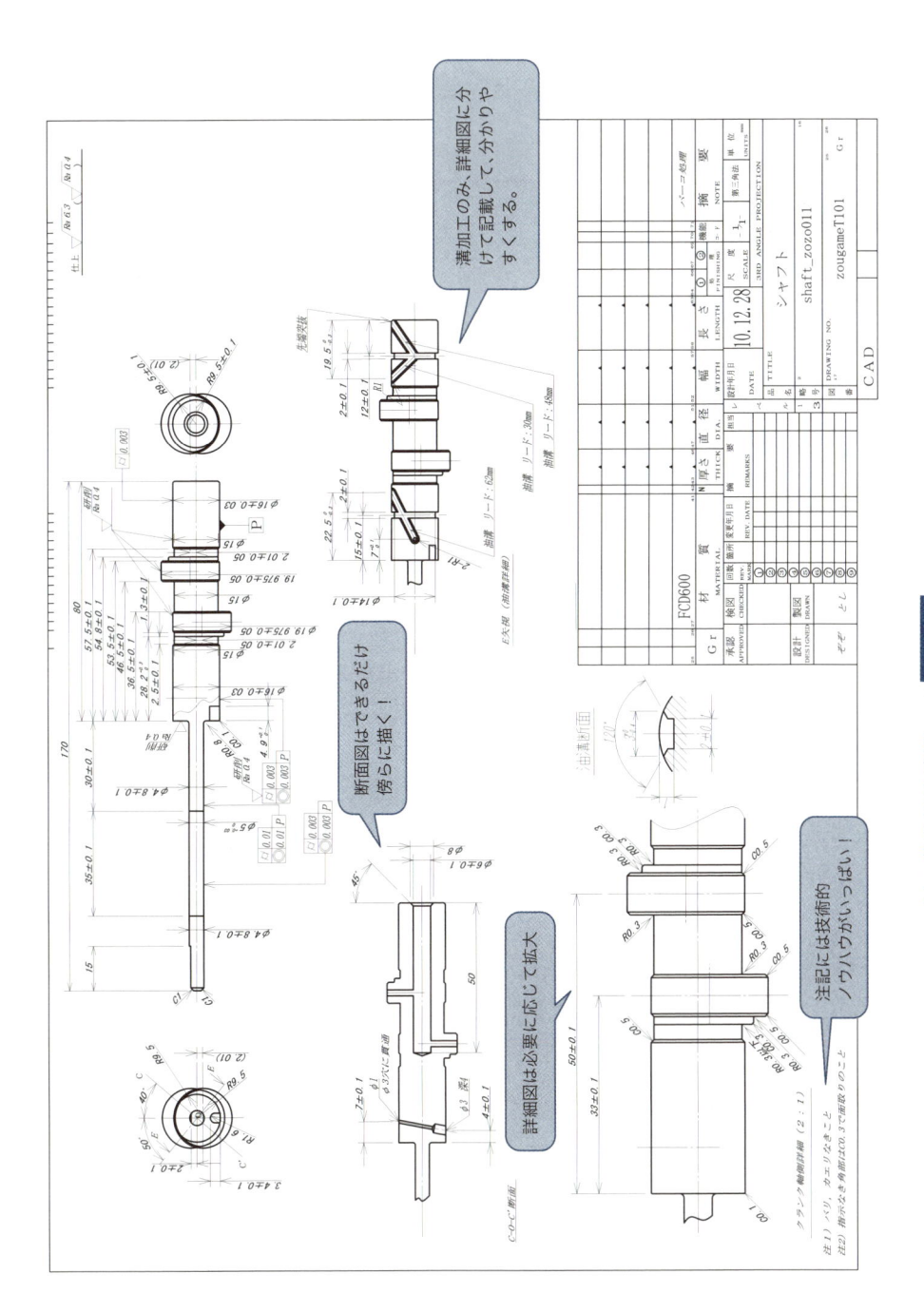

7-5 幾何公差の実例——フランジの図面

●位置、直角度、円筒度などが表記される

　フランジケースの図面の例を図 7-5-1 に示します。ここでは、枠線や表題欄は省略していますが、本来でしたら、記載します。フランジケースは、種々の機械部を組立と分解が可能な密閉容器に入れる場合や、圧力隔壁としての役割などとしてよく用いられます。

　本図は、内部に機械が搭載されることを念頭においた例です。フランジケースには、ボルト締めで取り付ける蓋が付きます。そのボルト穴は、ボルトを連通させる蓋のボルト穴と穴位置が合致している必要があります。ここには、位置に関する幾何公差が指示されています。場合によっては、蓋との合わせ加工をすれば穴のずれを防ぐことができます。

　機密性を確保する必要がある場合は、例えば本図のようにOリング溝を設けます。Oリング溝はJIS規格を見て、できる限り詳しく表記し、用いるOリングを記載しておくなどの配慮が必要です。フランジケースの円筒内面は、搭載される機械の特性を考慮して、必要に応じて、直角度や円筒度、表面粗さを指示します。側面にパイプなどの取付穴を設ける場合は、その箇所の矢示法（注）による断面図を傍らに描く配慮も必要です。

注）矢示法：第一角法および第三角法の厳密な形式に従わない投影図によって示す場合は、矢印によって様々な方向から見た投影図を任意の位置に配置することができる。（JIS B 0001）

図 7-5-1　フランジケースの例（次頁）

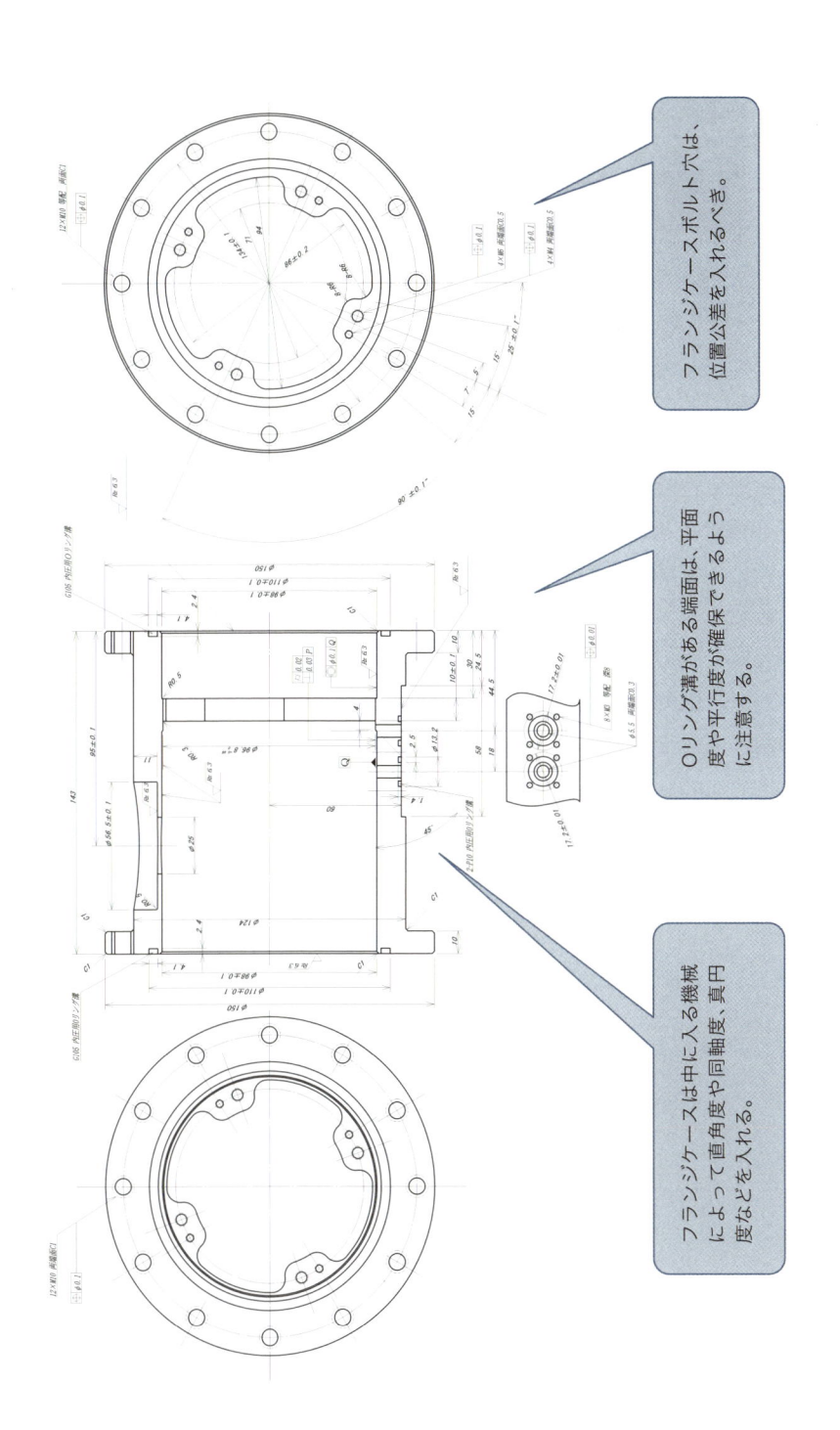

フランジケースボルト穴は、位置公差を入れるべき。

Oリング溝がある端面は、平面度や平行度が確保できるように注意する。

フランジケースは中に入る機械によって直角度や同軸度、真円度などを入れる。

7．幾何公差の表し方

7-6 検査指示のある幾何公差

●振れ公差の例

　振れ公差の指示がある図面の例を図 7-6-1 に示します。ここでは、枠線や表題欄は省略していますが、本来でしたら、記載します。

　加工作業者はもちろんのことですが、検査担当者は、納品前に幾何公差や寸法公差の要求に合致しているか確認します。そして、加工品は、必要に応じて検査書と一緒に納品されます。

　したがって、例えば、闇雲に幾何公差を多く指示すれば、検査に時間がかかり、結果としてコストが高くなります。また、よく考えてみると、検査しようがない幾何公差の指示もしばしば見られます。自分の要求事項と検査手順をよく考えて、幾何公差の指示を記入します。本図では、振れ公差について測定円筒面の直径を検査部として指定して指示しています。

　また、ブッシュの圧入を指示しています。圧入前後で寸法の表記をしています。注記に詳細な圧入記事を記載しています。注記は、技術ノウハウが詰まっています。詳細な重要指示を注記として示しておくことは重要です。断面図や詳細図も必要に応じて傍らに描くようにします。

図 7-6-1　振れ公差の指示のある図の例（次頁）

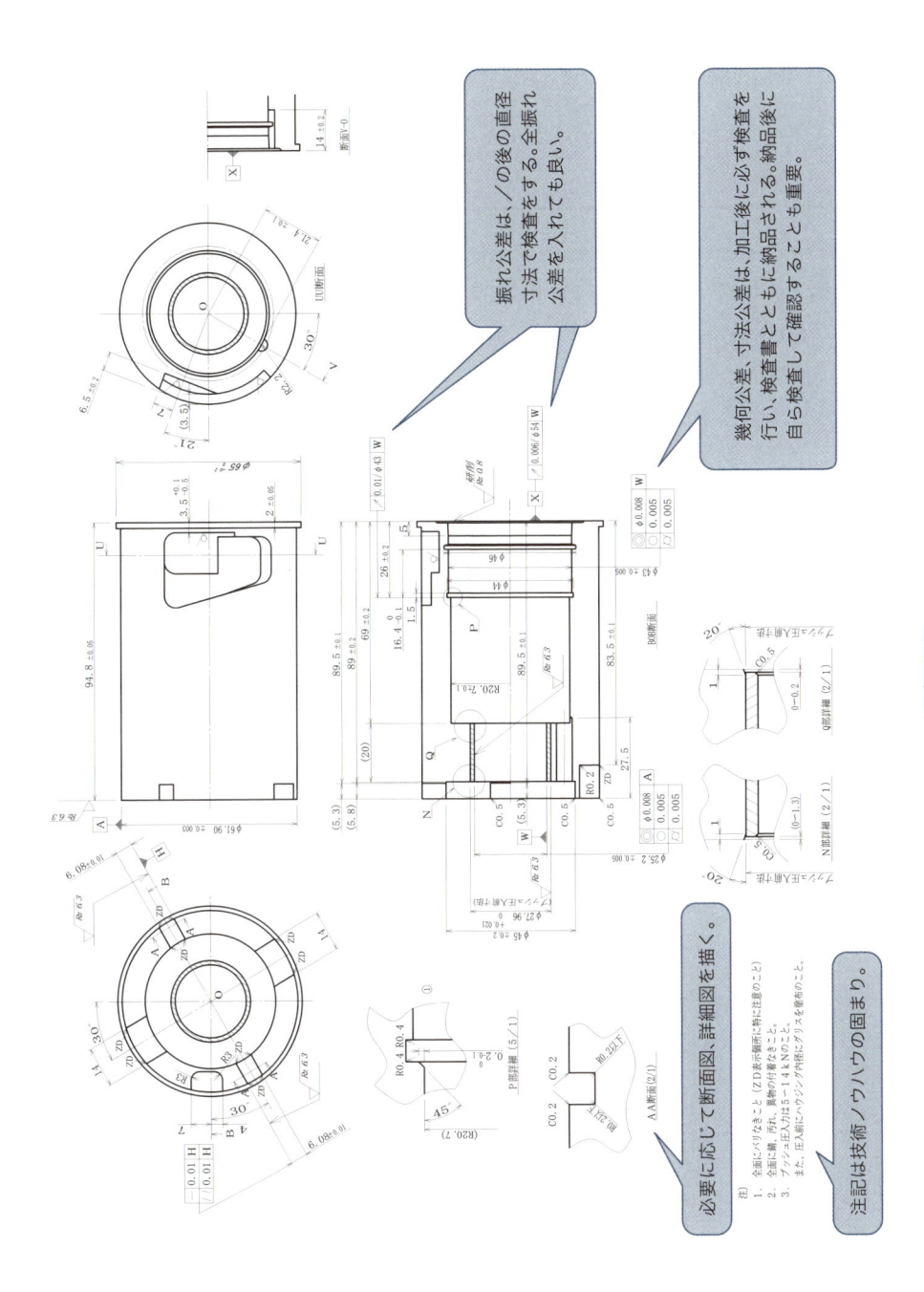

振れ公差は、/の後の直径寸法で検査をする。全振れ公差を入れても良い。

幾何公差、寸法公差は、加工後に必ず検査を行い、検査書とともに納品される。納品後に自ら検査して確認することも重要。

必要に応じて断面図、詳細図を描く。

注記は技術ノウハウの固まり。

注）
1. 全面にバリなきこと（ZD表示欄所に特に注意のこと）
2. 全面に汚れ、異物の付着ないこと。
3. プッシュ圧入力は5〜14kNのこと。また、圧入前にハウジング内径にグリスを塗布のこと。

7. 幾何公差の表し方

173

❗ CADのメリット（5）電子データ化と通信の効率向上

　CADを用いることにより、従来は紙で保存していた図面を、電子データで保存することができるようになります。今までのように図面を書庫に整理して保管する必要がなくなり、保存に関わるコストを大幅に削減することができます。電子データ化することにより、図面の検索においても、短時間で目的の図面を取り出すことが可能です。さらに、インターネットなどの情報通信手段を活用することで、瞬時に世界中のあらゆる場所へ図面を送ることができるため、通信時間が削減でき省力化を図ることができます。海外のいくつかの事業所を通信で結び、ひとつの図面を基に同時にデザインレビューを行うこともできるようになります。ただし、情報セキュリティーは厳重に管理する必要があるでしょう。

　3次元CADを活用することにより、企画、デザイン、設計、解析、試験、製造や建設に至るまでデータの共有化が可能となります。したがって、各工程、各分野の担当者が連携してプロジェクトを完成させることに役立つため、製品開発において、開発期間の短縮化やコスト低減などの効率化を図ることができます。特に機械系分野においては、各工程が3次元CADデータを中心に同時並行して作業を進めるコンカレントエンジニアリングが実践され、QCD（Quality：品質、Cost：コスト、Delivery：納期）に大きな効果を上げています。また、3次元CADは、人間の頭の中にあるイメージを表現することに優れているので、人間の創造性（アイディア）を目に見える形で表現することができます。さらに、設計した対象物の質感や色合いなどもコンピュータの中で確認することが容易に可能となります。これまで、モックアップを作成して確認していた項目が、3次元CADにより、効率的に実行することができるようになります。こうした特長を有効に活用するために様々な目的でCADシステムの導入が進んでいるのです。

用語索引

ア行

圧延	102
穴基準はめあい方式	154
粗加工図	112
粗さ曲線	132
板ばね	56
一条ねじ	42
鋳物	104
鋳物図	104
渦巻きばね	57
円ピッチ	53
おねじ	40
折り曲げ加工	117

カ行

開先	109
カエリ	126
角度の寸法表示	96
角ねじ	47
加工図	112
硬さ	137
型曲げ加工	117
金型	176
下面図	23
簡略図示	141
キー	65
キー溝	66
機械加工	102
機械材料	79
機械製図	10
幾何公差	160
基準穴	154
基準軸	154
基準寸法	146
基準長さ	132
基準ラック	55
基本記号	109
許容限界寸法	146
金属めっき	113
組立図	13、62
研削	102
原寸	16
研磨	112
コイルばね	56
高エネルギー加工	118
公差記入枠	162
工作機械	102
こう配	96
こう配キー	65
固相溶接	106
転がり軸受	49

サ行

最小許容寸法	146
最小しめしろ	151
最小すきま	152
最大許容寸法	146
最大しめしろ	151
最大すきま	152
最大値ルール	143
材料記号	84
座金	68
作業者に配慮した図面	32
皿ばね	57
三角ねじ	46
参照指示	141

参考寸法 ……………………………… 88	線の種類 ……………………………… 18
算術平均粗さ ………………………… 132	線の用途 ……………………………… 19
仕上げ ………………………………… 112	総組立図 …………………………… 13、62
軸 ………………………………………… 48	側面図 ………………………………… 37
軸受 ……………………………………… 48	
軸基準はめあい方式 ………………… 154	

タ行

しめしろ ……………………………… 150	台形ねじ ……………………………… 47
尺度 ……………………………………… 16	第三角法 ……………………………… 23
斜投影 …………………………………… 22	第一角法 ……………………………… 24
修正履歴 ………………………………… 99	鍛造 ……………………………… 102、104
縮尺 ……………………………………… 16	断面曲線 ……………………………… 132
純鉄 ……………………………………… 79	鋳造 …………………………………… 104
照合番号 ………………………………… 35	鋳鉄 ……………………………………… 79
正面図 ……………………………… 23、37	直角投影 ……………………………… 22
正面図の選び方 ………………………… 37	データム …………………………… 160、165
すきま ………………………………… 150	データム三角記号 …………………… 165
ステンレス鋼 …………………………… 83	データム軸直線 ……………………… 165
滑り軸受 ………………………………… 49	データム平面 ………………………… 165
図面 ………………………………… 10、12	テーパ ………………………………… 96
図面の大きさ …………………………… 12	鉄鋼材料 ……………………………… 78
図面の種類 ……………………………… 10	展伸材 …………………………………… 79
図面の役割 ……………………………… 10	投影図 ……………………………… 22、23
図面の様式 ……………………………… 13	投影法 ………………………………… 22
寸法記入 …………………………… 26、28	トーションバー ……………………… 57
寸法記入の留意事項 …………………… 29	
寸法許容差 …………………………… 146	

ナ行

寸法公差 ……………………………… 146	抜けこう配 …………………………… 104
寸法公差方式 ………………………… 146	ねじのゆるみ ………………………… 68
寸法線 …………………………………… 26	ねじ用穴付き平行キー ……………… 65
寸法線の種類 …………………………… 26	
寸法の普通公差 ……………………… 149	

ハ行

寸法補助記号 ……………………… 27、74	倍尺 ……………………………………… 16
寸法補助記号の使用例 ………………… 31	背面図 …………………………………… 23
寸法補助線 ……………………………… 27	鋼 ………………………………………… 79
製図記号 ………………………………… 72	
正投影 …………………………………… 23	
切削 …………………………………… 102	
説明線 ………………………………… 109	
線 ………………………………………… 18	
せん断 ………………………………… 102	

歯車	52
歯車の図示	54
歯車の要目表	55
歯車歯形	55
ばね	56
はめあい	150
バリ	126
半月キー	65
左側面図	23
左ねじ	41
ピッチ	40、53
標準数	70
表題欄	34
表面硬化技術	113
表面処理	113
表面熱処理	113
ピン	66
部品形状	120
部品材料	120
部品図	13
部品欄	34
部分組立図	13
プラスチック	83
フレア	109
プレス加工	115
プレス金型	116
平行投影	22
平面図	23、37
放電加工	118
ボールねじ	47
ボルト	64

マ行

曲げ加工	117
右側面図	23
右ねじ	40
めねじ	40
面取り	75

面の肌	132
文字	20
文字の大きさ	20
モジュール	53

ヤ行

有効径	40
要求する削り代	104
溶接	106
溶接記号	107
要目表	53
溶融溶接	106
呼び径	47

ラ行

リード	40
リード角	40
流用設計	89
履歴管理ツール	99
輪郭曲線方式	132
ロール成形	117
ロール曲げ加工	117
六角ナット	64
六角ボルト	64

ワ行

ワイヤカット放電加工	119

●引用文献

1) JIS B 0001　機械製図、2010
2) 図解 はじめての機械要素、大高敏男、科学図書出版、2008
3) JIS B 0205-1　一般用メートルねじ－第1部：基準山形、2001
4) JIS B 0901　軸の直径、1977
5) 転がり軸受総合カタログ、株式会社ジェイテクト
6) JIS B 0005-1　製図－転がり軸受－第1部：基本簡略図示方法、1999
7) JIS B 0102　歯車用語－幾何学的定義、1999
8) JIS B 0003　歯車製図、1989
9) JIS B 0004　ばね製図、2007
10) JIS B 1301　キー及びキー溝、2009
11) JIS B 0006　製図－スプライン及びセレーションの表し方、1993
12) JIS Z 8601　標準数、1954
13) JIS B 0701　切削加工品の面取り及び丸み、1987
14) JIS Z 3021　溶接記号、2010
15) JIS B 0405　普通公差－第1部：個々に公差の指示がない長さ寸法及び角度寸法に対する公差、1991
16) JIS B 0021　製品の幾何特性仕様（GPS）－幾何公差表示方式－形状，姿勢，位置及び振れの公差表示方式、1998
17) JIS B 0621　幾何偏差の定義及び表示、1984

■著者紹介

大髙　敏男（おおたか・としお）
山形大学大学院 工学研究科精密工学修了。株式会社東芝で主として冷凍機、空調機、圧縮機の研究、開発、設計業務に従事。東京都立工業高等専門学校助教授、都立大学客員講師を経て、現在、国士舘大学理工学部准教授。日本機械学会、日本冷凍空調学会、日本設計工学会に所属。著書はコロナ社、日刊工業新聞社、科学図書出版など多数。

●装丁　　　　　　Kuwa Design
●編集＆DTP　　　株式会社エディトリアルハウス

絵で見てなっとく！
上手な機械製図の書き方

2011年6月25日　初版　第1刷発行

著　者　大髙　敏男
発行者　片岡　巌
発行所　株式会社技術評論社
　　　　東京都新宿区市谷左内町21-13
　　　　電話　03-3513-6150　販売促進部
　　　　　　　03-3267-2270　書籍編集部
印刷／製本　加藤文明社

定価はカバーに表示してあります

本書の一部または全部を著作権法の定める範囲を超え、無断で複写、複製、転載、テープ化、ファイル化することを禁じます。

©2011　大髙　敏男

造本には細心の注意を払っておりますが、万一、乱丁（ページの乱れ）や落丁（ページの抜け）がございましたら、小社販売促進部までお送りください。送料小社負担にてお取り替えいたします。

ISBN978-4-7741-4654-6　C3053

Printed in Japan

本書の内容に関するご質問は、下記の宛先まで書面にてお送りください。お電話によるご質問および本書に記載されている内容以外のご質問には、一切お答えできません。あらかじめご了承ください。
〒162-0846
新宿区市谷左内町21-13
株式会社技術評論社　書籍編集部
「上手な機械製図の書き方」係
FAX：03-3267-2269